技能実習レベルアップ　シリーズ 3

ハム・ソーセージ・ベーコン製造

JN124703

公益財団法人　国際人材協力機構

JITCO

は　じ　め　に

　この本は，技能実習が効果的に行われるよう，職種別の専門分野について解説したテキストで，毎日の技能実習で行う標準的な作業内容や手順，注意点などをコンパクトに纏めています。特に，技能実習生が受検する技能検定に役立つよう内容に工夫を凝らしています。

　技能実習生に分かり易いものとなるよう，この本はできるだけ図や写真を多く盛り込み，漢字には「読み仮名」をつけております。また巻末に現場でよく使われる言葉を集めた「用語集」をつけています（ご協力をいただいた写真ご提供企業等の一覧表も掲載しています）。

　技能実習用のテキストとして，また予習・復習などの技能実習生の自習用のテキストとして，あるいは技能検定受検のための勉強用テキストとしてご活用下さい。

　技能実習生の皆さん，日本へようこそ！

　皆さんは日本での技能実習に大きな期待を抱いていることと思います。是非このテキストを利用しながら，技能実習中に分からないことや，疑問に思うことを技能実習指導員や職場の先輩方に質問し，多くの技能や知識を身につけて下さい。

　作業の安全と自身の健康に気をつけながら，皆さんが実りある技能実習の成果をあげられることを願っております。

2020年9月

公益財団法人　国際人材協力機構

目 次

第 2 節　衛生管理と HACCP …… 154
第 3 節　化学に関する知識 …… 159
第 5 章　確認問題 …… 164
第 5 章　確認問題の解答と解説 …… 165

第 6 章　安全作業と食品衛生

第 1 節　安全作業 …… 166
第 2 節　食品衛生 …… 184
第 6 章　確認問題 …… 189
第 6 章　確認問題の解答と解説 …… 190

（参考）用語集 …… 191

ご協力企業等 …… 198

私たちが目指す技能目標

ハム・ソーセージ・ベーコン製造の現状

ハム・ソーセージ・ベーコンを製造する上で重要な点は，次の2つである。

1．安全であること

2．おいしいこと

消費者が食品に求める第一の要件は，「安全」が確保され，安心して食べられることである。安全な原材料が使用され，食品添加物等の適正な使用や表示がなされてはじめて，消費者の安心や信頼を得ることができる。日本ではハム・ソーセージ・ベーコン製造について，食品の衛生・安全性に関する基準が法律により定められている。

第二の要件は，安全が確保された上で，「おいしい」ことである。食品である以上，食べておいしくなければならない。

ハム・ソーセージ・ベーコン製造技能者の技能資格

日本には，作業者の技能を評価するシステムとして，技能検定という国家資格がある。技能検定は職種ごとのレベルに応じて「試験科目及びその範囲並びにその細目」が示されている。試験レベルは図1に示すように，高いものから1級，2級，3級，基礎級に分かれている。技能実習で活用されるレベルは，2級（第3号技能実習），3級（第2号技能実習），基礎級（第1号技能実習）である。

なお，ハム・ソーセージ・ベーコン製造技能検定試験の試験科目及びその範囲並びにその細目を表1，表2，表3に示す。

目指す技能目標

外国人技能実習生が第1号技能実習から第2号技能実習に移行する，または第2号技能実習から第3号技能実習に移行するためには，それぞれ基礎級（学科及び実技），3級（実技）に合格しなければならない。また，第2号技能実習を修了する技能実習生は3級（実技必須），第3号技能実習を修了する技能実習生は2級（実技必須）を受検しなければならない。

（等級 とうきゅう）	（技能及びこれに関する知識の程度 ぎのうおよ かん ちしき ていど）	（受検時期 じゅけんじき）
1級 きゅう	検定職種ごとの上級の技能労働者が通常有すべき技能及びこれに関する知識の程度 けんていしょくしゅ じょうきゅう ぎのうろうどうしゃ つうじょうゆう ぎのうおよ かん ちしき ていど	
2級 きゅう	検定職種ごとの中級の技能労働者が通常有すべき技能及びこれに関する知識の程度 けんていしょくしゅ ちゅうきゅう ぎのうろうどうしゃ つうじょうゆう ぎのうおよ かん ちしき ていど	第3号技能実習修了時点 だい ごう ぎのうじっしゅうしゅうりょう じてん
3級 きゅう	検定職種ごとの初級の技能労働者が通常有すべき技能及びこれに関する知識の程度 けんていしょくしゅ しょきゅう ぎのうろうどうしゃ つうじょうゆう ぎのうおよ かん ちしき ていど	第2号技能実習修了時点 だい ごう ぎのうじっしゅうしゅうりょう じてん
基礎級 きそきゅう	検定職種に係る基本的な業務を遂行するために必要な基礎的な技能及びこれに関する知識の程度 けんていしょくしゅ かか きほんてき ぎょうむ すいこう ひつよう きそてき ぎのうおよ かん ちしき ていど	第1号技能実習修了時点 だい ごう ぎのうじっしゅうしゅうりょう じてん

技能実習生はこの
ぎ の うじっしゅうせい
段階になります。
だんかい

図1 「ハム・ソーセージ・ベーコン製造」技能検定のレベルと技能実習
ず せいぞう ぎのうけんてい ぎのうじっしゅう

技能実習生のための制度

　2級，3級，基礎級の技能検定は，外国人技能実習生のために随時実施されている。職場近くの都道府県職業能力開発協会に対し，受検に必要な手続きを行うと受検できる。

　ぜひ，資格取得を目指してほしい。

表1　基礎級「ハム・ソーセージ・ベーコン製造」技能検定試験科目及びその範囲と細目

試験科目及びその範囲	技能検定試験の基準の細目
学科試験	
1　主な食肉及び食肉製品の基礎知識	
食肉及び食肉製品の基礎知識	食肉及び食肉製品（農林物資の規格化及び品質表示の適正化に関する法律関係法令を含む。）について初歩的な知識を有すること。
食肉及び食肉製品の保存の方法	次に掲げる保存の方法について初歩的な知識を有すること。 (1)冷蔵法及び凍結法　(2)乾燥法　(3)くん煙法 (4)塩蔵法　　　　　　(5)加熱法　(6)包装法
食品衛生の基礎理論	食品衛生（食品衛生法関係法令を含む。）に関し，次に掲げる事項について初歩的な知識を有すること。 (1)食品加工及び貯蔵　(2)細菌性食中毒
2　主なハム・ソーセージ・ベーコン製造の方法	
ハム・ソーセージ・ベーコン製造に使用する設備及び機械の種類	次に掲げるハム・ソーセージ・ベーコン製造に使用する設備及び機械の種類について初歩的な知識を有すること。 (1)原料処理機械　　　　(2)塩せき機械・設備 (3)細切・混合機械　　　(4)充てん機械 (5)乾燥及びくん煙設備　(6)加熱設備 (7)冷蔵・冷凍設備　　　(8)包装機械及びその設備 (9)品質管理及び工程管理機械
ハム・ソーセージ・ベーコン製造工程	1　原料肉の処理に関する次の事項について初歩的な知識を有すること。 (1)枝肉の分割及び骨抜きの方法　(2)凍結原料肉の解凍の方法 2　ハム・ソーセージ・ベーコン製造に関する次の事項について初歩的な知識を有すること。

		(1)塩せきの目的　(2)乾燥の目的　(3)くん煙の目的 (4)加熱の目的　(5)冷却の目的　(6)包装の目的
		3　次に掲げるハム・ソーセージ・ベーコン製造の工程別の作業方法について初歩的な知識を有すること。 (1)塩せき　(2)配合　(3)細切・混合　(4)充てん　(5)乾燥 (6)くん煙　(7)加熱　(8)冷却　　(9)包装
3	原料肉の種類	
	原料肉の種類	次に掲げる原料肉の種類について初歩的な知識を有すること。 (1)豚肉　(2)牛肉　(3)羊肉　(4)馬肉　(5)家きん肉　(6)家兎肉
	副原料及び添加物の種類	次に掲げる副原料及び添加物の種類について初歩的な知識を有すること。 (1)結着材料　(2)糖類　(3)香辛料　(4)発色剤　(5)調味料 (6)着色料　(7)保存料
4	化学に関する基礎理論	次に掲げる成分の性質について初歩的な知識を有すること。 (1)水分　(2)たん白質　(3)脂肪　(4)炭水化物
5	安全衛生に関する基礎的な知識	ハム・ソーセージ・ベーコン製造作業に伴う安全衛生に関し，次に掲げる事項について基礎的な知識を有すること。 (1)機械設備等，原材料等の危険性又は有害性及びこれらの取扱い方法 (2)安全装置又は保護具の性能及びこれらの取扱い方法 (3)作業標準 (4)作業開始時の点検 (5)整理整頓及び清潔の保持 (6)事故時における応急措置及び退避 (7)安全衛生標識（立入禁止，安全通路，保護具着用，火気厳禁等） (8)合図 (9)服装

実技試験

原料肉の品質の判定

ハム・ソーセージ・ベーコン製造作業	
原料肉の品質の判定	原料肉の品質の判定ができること。
原料肉の処理	原料肉の分割，骨抜き，仕分け及び整形ができること。
副原料，添加物，ケーシング及び包装材料の品質の判定	副原料，添加物，ケーシング及び包装材料の品質の適切な判定ができること。
簡単なハム類・ソーセージ類・ベーコン類の製造	簡単なハム類・ソーセージ類・ベーコン類の製造作業ができること。

表2　3級「ハム・ソーセージ・ベーコン製造」技能検定試験科目及びその範囲と細目

試験科目及びその範囲	技能検定試験の基準の細目
学科試験 1　食肉加工一般 　　食肉，食肉製品及び食肉を含む加工品の基礎知識	食肉，食肉製品及び食肉を含む加工品について概略の知識を有すること。
食肉，食肉製品及び食肉を含む加工品の保存の方法	次に掲げる保存の方法について概略の知識を有すること。 (1)冷蔵法及び凍結法　(2)乾燥法　(3)くん煙法　(4)塩蔵法　(5)加熱法 (6)包装法
食品衛生の基礎理論	食品衛生に関し，次に掲げる事項について概略の知識を有すること。 (1)食品加工及び貯蔵　　　　(2)細菌性食中毒　(3)有害物質 (4)食品の腐敗，変敗及び変質　(5)流通と保存
2　ハム・ソーセージ・ベーコン製造法 　　ハム・ソーセージ・ベーコン製造に使用する設備及び機械の種類，構造及び使用方法	次に掲げるハム・ソーセージ・ベーコン製造に使用する設備及び機械の種類並びにこれらの基本的な構造及び使用方法について概略の知識を有すること。 (1)原料処理機械　(2)塩せき機械・設備　　(3)細切・混合機械 (4)充てん機械　　(5)乾燥及びくん煙設備　(6)加熱設備 (7)冷蔵・冷凍設備　(8)包装機械及びその設備 (9)品質管理及び工程管理機械
ハム・ソーセージ・ベーコン製造工程	1　原料肉の処理に関する次の事項について概略の知識を有すること。 (1)枝肉の分割及び骨抜きの方法　(2)冷凍原料肉の解凍の方法 2　ハム・ソーセージ・ベーコン製造に関する次の事項について概略の知識を有すること。 (1)塩せきの目的及びメカニズム　(2)乾燥の目的及びメカニズム (3)くん煙の目的及びメカニズム　(4)加熱の目的及びメカニズム (5)冷却の目的及びメカニズム　　(6)包装の目的及びメカニズム 3　次に掲げるハム・ソーセージ・ベーコン製造の工程別の作業方法について概略の知識を有すること。 (1)塩せき　(2)配合　(3)細切・混合　(4)充てん　(5)乾燥　(6)くん煙 (7)加熱　(8)冷却　(9)包装 4　次に掲げるハム・ソーセージ・ベーコン製造方法について一般的な知識を有すること。 (1)ハム　(2)プレスハム　(3)ソーセージ　(4)ベーコン

3 材料	
原料肉の種類，性質及び加工適性	1 次に掲げる原料肉の種類及び性質について概略の知識を有すること。 (1)豚肉 (2)牛肉 (3)羊肉 (4)馬肉 (5)家きん肉 (6)家兎肉 (7)臓器及び可食部分 2 原料肉に関し，次に掲げる事項について概略の知識を有すること。 (1)筋肉の種類及び構造 (2)たん白質の種類及び構造 (3)脂質の種類及び構造 (4)死後変化 (5)原料肉の凍結及び解凍 (6)肉色 3 原料肉に関する次に掲げる用語について概略の知識を有すること。 (1)PSE (2)DFD (3)SPF (4)水豚 (5)黄豚 4 原料肉の加工適性に関する次の事項について概略の知識を有すること。 (1)乳化性 (2)保水性 (3)結着性 (4)色調（発色）
副原料及び添加物の種類及び用途	次に掲げる副原料及び添加物の種類及び用途について概略の知識を有すること。 (1)結着材料 (2)糖類 (3)種物 (4)香辛料 (5)発色剤 (6)調味料 (7)着色料 (8)結着剤及び結着補強剤 (9)保存料 (10)酸化防止剤 (11)pH調整剤 (12)くん液 (13)甘味料 (14)乳化安定剤 (15)増粘安定剤 (16)香辛料抽出物 (17)発色助剤 (18)日持向上剤
ケーシングの種類，性質及び用途	ケーシングの種類，性質及び用途について概略の知識を有すること。
包装材料の種類，性質及び用途	包装材料の種類，性質及び用途について概略の知識を有すること。
4 化学一般	
化学に関する基礎理論	次に掲げる成分の性質について概略の知識を有すること。 (1)水分 (2)たん白質 (3)脂肪 (4)炭水化物 (5)無機物
5 電気	
電気用語	次に掲げる電気用語について概略の知識を有すること。 (1)電流 (2)電圧 (3)抵抗 (4)電力
電気機械器具の使用方法	電気機械器具の使用方法に関する次の事項について概略の知識を有すること。 (1)スイッチ及びリレーの種類及び取扱い方法 (2)接地の種類

6 関係法規 　　食品衛生法関係法令，農林物資の規格化及び品質表示の適正化に関する法律関係法令，計量法関係法令のうち，ハム・ソーセージ・ベーコン製造に関する部分	食品衛生法関係法令，農林物資の規格化及び品質表示の適正化に関する法律関係法令，計量法関係法令のうち，ハム・ソーセージ・ベーコン製造に関する部分について概略の知識を有すること。
7 安全衛生 　　安全衛生に関する詳細な知識	1　ハム・ソーセージ・ベーコン製造作業に伴う安全衛生に関し，次に掲げる事項について詳細な知識を有すること。 (1)機械設備等，原材料等の危険性又は有害性及びこれらの取扱い方法 (2)安全装置又は保護具の性能及びこれらの取扱い方法 (3)作業標準 (4)作業開始時の点検 (5)整理整頓及び清潔の保持 (6)事故時における応急措置及び退避 (7)その他ハム・ソーセージ・ベーコン製造作業に関する安全又は衛生のための必要事項 2　労働安全衛生法関係法令（ハム・ソーセージ・ベーコン製造作業に関する部分に限る。）について詳細な知識を有すること。
実技試験	
ハム・ソーセージ・ベーコン製造作業 原料肉の品質の判定	原料肉の品質の判定ができること。
原料肉の処理	原料肉の分割，骨抜き，仕分け及び整形ができること。
副原料，添加物，ケーシング及び包装材料の品質の判定	副原料，添加物，ケーシング及び包装材料の品質の適切な判定ができること。
ハム類の製造	1　塩せき作業ができること。 2　充てん作業ができること。 3　乾燥・くん煙作業ができること。 4　加熱作業ができること。 5　冷却作業ができること。 6　二次加工作業ができること。 7　包装作業ができること。
ソーセージ類の製造	1　塩せき作業ができること。 2　ひき肉作業ができること。 3　細切・混合作業ができること。 4　充てん作業ができること。 5　乾燥・くん煙作業ができること。

	6	加熱作業ができること。
	7	冷却作業ができること。
	8	包装作業ができること。
ベーコン類の製造	1	塩せき作業ができること。
	2	乾燥・くん煙作業ができること。
	3	冷却作業ができること。
	4	二次加工作業ができること。
	5	包装作業ができること。

表3 2級「ハム・ソーセージ・ベーコン製造」技能検定試験科目及びその範囲と細目

試験科目及びその範囲	技能検定試験の基準の細目
学科試験	
1 食肉加工一般 食肉，食肉製品及び食肉を含む加工品の基礎知識	食肉，食肉製品及び食肉を含む加工品について一般的な知識を有すること。
食肉，食肉製品及び食肉を含む加工品の保存の方法	次に掲げる保存の方法について一般的な知識を有すること。 (1)冷蔵法及び凍結法 (2)乾燥法 (3)くん煙法 (4)塩蔵法 (5)加熱法 (6)包装法
食品衛生の基礎理論	食品衛生に関し，次に掲げる事項について一般的な知識を有すること。 (1)食品加工及び貯蔵 (2)細菌性食中毒 (3)自然毒 (4)有害物質 (5)食品の腐敗，変敗及び変質 (6)流通と保存
2 ハム・ソーセージ・ベーコン製造法 ハム・ソーセージ・ベーコン製造に使用する設備及び機械の種類，構造及び使用方法	次に掲げるハム・ソーセージ・ベーコン製造に使用する設備及び機械の種類並びにこれらの基本的な構造及び使用方法について一般的な知識を有すること。 (1)原料処理機械 (2)塩せき機械・設備 (3)細切・混合機械 (4)充てん機械 (5)乾燥及びくん煙設備 (6)加熱設備 (7)冷蔵・冷凍設備 (8)包装機械及びその設備 (9)品質管理及び工程管理機械
ハム・ソーセージ・ベーコン製造工程	1 原料肉の処理に関する次の事項について一般的な知識を有すること。 (1)枝肉の分割及び骨抜きの方法 (2)凍結原料肉の解凍の方法 2 ハム・ソーセージ・ベーコン製造に関する次の事項について一般的な知識を有すること。 (1)塩せきの目的及びメカニズム (2)乾燥の目的及びメカニズム (3)くん煙の目的及びメカニズム (4)加熱の目的及びメカニズム (5)冷却の目的及びメカニズム (6)包装の目的及びメカニズム (7)製造工程における微生物相の変化 3 次に掲げるハム・ソーセージ・ベーコン製造の工程別の作業方法について一般的な知識を有すること。 (1)塩せき (2)配合 (3)細切・混合 (4)充てん (5)乾燥 (6)くん煙 (7)加熱 (8)冷却 (9)包装

— 9 —

	4　次に掲げるハム・ソーセージ・ベーコン製造方法について詳細な知識を有すること。 (1)ハム　(2)プレスハム　(3)ソーセージ　(4)ベーコン
3　材料 　　原料肉の種類，性質及び加工適性	1　次に掲げる原料肉の種類及び性質について一般的な知識を有すること。 (1)豚肉　(2)牛肉　(3)羊肉　(4)馬肉　(5)家きん肉　(6)家兎肉 (7)臓器及び可食部分
	2　原料肉に関し，次に掲げる事項について一般的な知識を有すること。 (1)筋肉の種類及び構造　　(2)たん白質の種類及び構造 (3)脂質の種類及び構造　　(4)死後変化 (5)原料肉の凍結及び解凍　(6)肉色
	3　原料肉に関する次に掲げる用語について一般的な知識を有すること。 (1)PSE　(2)DFD　(3)SPF　(4)水豚　(5)黄豚
	4　原料肉の加工適性に関する次の事項について一般的な知識を有すること。 (1)乳化性　(2)保水性　(3)結着性　(4)色調（発色）
副原料及び添加物の種類，性質及び用途	次に掲げる副原料及び添加物の種類，性質及び用途について一般的な知識を有すること。 (1)結着材料　　(2)糖類　　(3)種物　　(4)香辛料 (5)発色剤　　(6)調味料　(7)着色料 (8)結着剤及び結着補強剤　(9)保存料　(10)酸化防止剤 (11)pH調整剤　(12)くん液　(13)甘味料　(14)乳化安定剤 (15)増粘安定剤　(16)香辛料抽出物　(17)発色助剤 (18)日持向上剤
ケーシングの種類，性質及び用途	ケーシングの種類，性質及び用途について一般的な知識を有すること。
包装材料の種類，性質及び用途	包装材料の種類，性質及び用途について一般的な知識を有すること。
4　品質管理及び衛生管理 　　品質管理用語	次に掲げる品質管理に関する用語について概略の知識を有すること。 (1)ロット　　(2)サンプリング　(3)管理図　(4)ヒストグラム (5)度数分布　(6)正規分布　(7)規格限界　(8)管理限界 (9)特性要因図　(10)標準偏差　(11)平均値　(12)検定
官能検査	官能検査に関する次の事項について概略の知識を有すること。 (1)官能検査の意義　(2)官能検査の方法

成分等の検査方法	次に掲げる成分等の検査方法について概略の知識を有すること。 (1)水分　　(2)たん白質　　(3)脂肪　　(4)塩分 (5)でん粉　　(6)亜硝酸根　　(7)ソルビン酸　(8)pH (9)水分活性　(10)細菌数（生菌数）　(11)大腸菌群 (12)E.Coli　(13)アレルギー物質を含む特定原材料
品質管理の方法	品質管理の方法に関する次の事項について概略の知識を有すること。 (1)原材料管理　(2)工程管理　(3)製品管理
衛生管理	衛生管理に関する次の事項について概略の知識を有すること。 (1)施設・設備　　　　　　　　　(2)施設・設備の管理 (3)空気，水，エネルギー及びその他ユーティリティの管理 (4)廃棄物及び排水処理の管理 (5)購入した資材及び製品の取扱いの管理 (6)清掃，洗浄及び殺菌消毒管理 (7)そ族及び昆虫等の防除管理　(8)要員の衛生管理　(9)検査 (10)食品衛生管理者の責務　　　　(11)HACCP
5　化学一般 　　化学に関する基礎理論	次に掲げる成分の性質について一般的な知識を有すること。 (1)水分　(2)たん白質　(3)脂肪　(4)炭水化物　(5)無機物
6　電気 　　電気用語	次に掲げる電気用語について一般的な知識を有すること。 (1)電流　(2)電圧　(3)抵抗　(4)電力
電気機械器具の使用方法	電気機械器具の使用方法に関する次の事項について一般的な知識を有すること。 (1)電動機の定格及び取扱い方法 (2)スイッチ及びリレーの種類及び取扱い方法 (3)接地の種類 (4)電線及びヒューズの許容電流
7　関係法規 　　食品衛生法関係法令，農林物資の規格化及び品質表示の適正化に関する法律関係法令，計量法関係法令，健康増進法関係法令，と畜場法関係法令，大気汚染防止法関係法令，水質汚濁防止法関係法令及び食鳥処理の事業の規制及び食鳥検査に関する法律関係法令のうち，ハム・ソーセージ・ベーコン製造に関する部分	食品衛生法関係法令，農林物資の規格化及び品質表示の適正化に関する法律関係法令，計量法関係法令，栄養改善法関係法令，と畜場法関係法令，大気汚染防止法関係法令，水質汚濁防止法関係法令及び食鳥処理の事業の規制及び食鳥検査に関する法律関係法令のうち，ハム・ソーセージ・ベーコン製造に関する部分について一般的な知識を有すること。

8 安全衛生 安全衛生に関する詳細な知識	1 ハム・ソーセージ・ベーコン製造作業に伴う安全衛生に関し，次に掲げる事項について詳細な知識を有すること。 (1)機械設備等，原材料等の危険性又は有害性及びこれらの取扱い方法 (2)安全装置又は保護具の性能及びこれらの取扱い方法 (3)作業標準 (4)作業開始時の点検 (5)整理整頓及び清潔の保持 (6)事故時における応急措置及び退避 (7)その他ハム・ソーセージ・ベーコン製造作業に関する安全又は衛生のための必要事項 2 労働安全衛生法関係法令（ハム・ソーセージ・ベーコン製造作業に関する部分に限る。）について詳細な知識を有すること。
実技試験 ハム・ソーセージ・ベーコン製造作業 原料肉の品質の判定	原料肉の品質の判定及び成分組成の計算ができること。
原料肉の処理	原料肉の分割，骨抜き，仕分け及び整形ができること。
副原料，添加物，ケーシング及び包装材料の品質の判定	副原料，添加物，ケーシング及び包装材料の品質の適切な判定ができること。
ハム類の製造	1 塩せき作業ができること。 2 充てん作業ができること。 3 乾燥・くん煙作業ができること。 4 加熱作業ができること。 5 冷却作業ができること。 6 二次加工作業ができること。 7 包装作業ができること。 8 品質管理・衛生管理ができること。
ソーセージ類の製造	1 塩せき作業ができること。 2 ひき肉作業ができること。 3 細切・混合作業ができること。 4 充てん作業ができること。 5 乾燥・くん煙作業ができること。 6 加熱作業ができること。 7 冷却作業ができること。 8 包装作業ができること。 9 品質管理・衛生管理ができること。

ベーコン類の製造	1 塩せき作業ができること。 2 乾燥・くん煙作業ができること。 3 冷却作業ができること。 4 二次加工作業ができること。 5 包装作業ができること。 6 品質管理・衛生管理ができること。

第1章　食肉及び食肉製品の基礎知識

　本章は，ハム・ソーセージ・ベーコンを製造するために必要な食肉及び食肉製品に関する基礎的知識を修得することを目標としている。

第1節　食肉及び食肉製品の基礎知識

1．食肉及び食肉製品の生産

⑴　食肉

　食肉とは畜肉，家と肉，家きん肉の総称で，図1-1-1のように大別される。日本で消費される食肉は，豚肉が一番多く，次に鶏肉，牛肉の順である。

　食肉加工品仕向け原料肉は，消費者の高級品志向もあり，ロースハムやオールポークソーセージ向けの豚肉がその大部分を占めている。これらの多くは輸入されている。

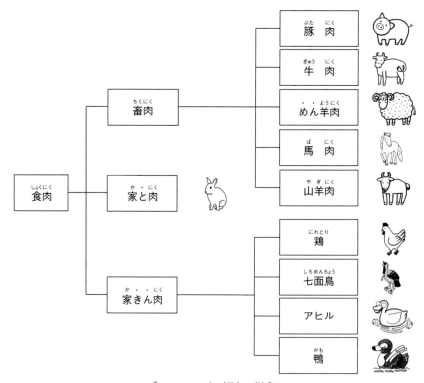

図1-1-1　食肉の分類

【参考】食肉の分類：
　① 畜肉とは，家畜の肉で JAS 規格では豚肉，牛肉，馬肉，めん羊肉及び山羊肉をいう（野生動物は含まない）。
　② 家と肉とは，食用及び毛皮用に家畜化された家ウサギの肉をいう。
　③ 家きん肉とは，鶏，七面鳥，アヒル，鴨等の食用として飼育されている鳥の肉をいう（野鳥は含まない）。

(2) 食肉製品

　日本国内の食肉製品の生産量を多い順に示すと，ソーセージ類（混合ソーセージ等を含む），ハム類，ベーコン類，焼豚，プレスハム類（チョップドハム等を含む），ハンバーグ類（チルドハンバーグステーキ，チルドミートボールを含む）である。（図1-1-2参照）

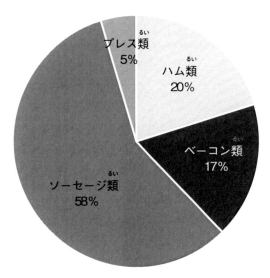

□ハム類　■ベーコン類　■ソーセージ類　■プレス類
（注）：ハンバーグを含まず。

図1-1-2　2018年食肉製品生産数量の割合
（参考：日本ハム・ソーセージ工業協同組合調べ）

(3) 食肉製品に使用される食肉以外の原材料

　使用される食肉以外の原材料は，表1-1-1のように分類される。

表1-1-1　食肉以外の原材料の分類

分類	種類
臓器	（家畜，家と，家きんの）肝臓，腎臓，心臓，肺臓，脾臓
可食部分	（家畜，家と，家きんの）胃，腸，食道，脳，耳，鼻，皮，舌，尾，横隔膜，血液，脂肪層
原料魚肉類	タラ，カジキマグロ等の魚肉，鯨肉

（注）「臓器」と「可食部分」を合わせて「原料臓器類」という。

　これらの原材料は主にソーセージの加工に用いられる。これらの中で一番多く使用される原材料は，豚脂肪である。

2．食肉の取引規格

　食肉として消費されるまでの取引の流れは，図1-1-3の通りである。

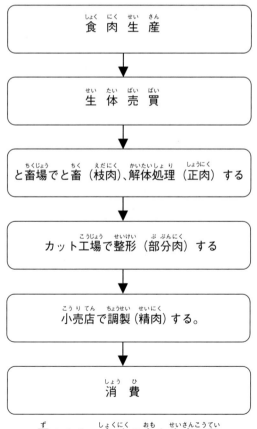

食肉生産

↓

生体売買

↓

と畜場でと畜（枝肉）、解体処理（正肉）する

↓

カット工場で整形（部分肉）する

↓

小売店で調製（精肉）する。

↓

消費

図1-1-3　食肉の主な生産工程

枝肉のカット方法や部分肉の規格は国により異なる。日本では豚枝肉，牛枝肉等について全国統一の取引規格が定められ，枝肉の格付けが行われている。また，鶏肉は食鳥処理場でと殺され，脱羽，内臓除去した後，食鶏小売規格の品目ごとに解体，等級区分（特選品，標準品）されて市場に流通する。

【参考】枝肉，正肉，部分肉及び精肉とは：

① 枝肉

　と畜場で家畜を失神，放血，剥皮した後，内臓を摘出し，頭足部，尾部を除去した肉。
　また，脊柱の中心線に沿って左右に背割りした枝肉を「半丸」（又は「半丸枝肉」）という。

② 正肉

　枝肉を分割して除骨し，血管，リンパ節等を除去した後の食用となり得るすべての肉。

③ 部分肉

　正肉にされた各部位から，余剰脂肪を除去し，整形された肉。

④ 精肉

　部分肉を小売用に消費者が料理に適した形態（スライス，ブロック，挽き肉等）に調製した肉。

第2節 食肉及び食肉製品の関係法令

食肉及び食肉製品に関わる法律には表1-2-1のようなものがある。

表1-2-1 食肉及び食肉製品に関する法律

法律（所管府省）	主な内容	主な対象食品	法律区分
食品安全基本法（消費者庁，食品安全委員会）	・食品安全委員会における食品健康影響評価の実施 など	―	義務
食品衛生法（厚生労働省）	・飲食に起因する衛生上の危害発生を防止する目的 ・食肉，食肉製品の成分規格，製造基準，保存基準 ・食品製造施設の施設基準 など	食肉，食肉製品，牛乳及び乳製品	義務
と畜場法（厚生労働省）	・と畜場の衛生管理 ・異常がある獣畜のと殺，解体の禁止 など	牛，豚	義務
食鳥処理の事業の規制及び食鳥検査に関する法律（厚生労働省）	・食鳥処理場の衛生管理 ・異常がある食鳥のと殺，解体の禁止 など	鶏	義務
JAS法（農林水産省）	・ベーコン，ハム，ソーセージのJAS規格及びJASマーク品を製造する工場の基準 など	JAS規格品（JASマーク及び特定JASマーク商品	任意
食品表示法（消費者庁）	・食品表示基準による，食肉，食肉製品の表示基準（名称，添加物を含む原材料名，内容量，賞味期間，アレルゲン，栄養成分表示など）の制定，表示の監視 など	すべての生鮮食品及び加工食品	義務

【参考】 食品表示法
　　2015年4月1日から施行され，それまで食品表示について一般的なルールを定めていた食品衛生法，JAS法，健康増進法のそれぞれに基づく表示基準が一本化された。これにより食品表示は一つの制度にまとめられた。
　　食品表示基準に基づく表示は2020年3月から完全実施。(原料原産地表示は2022年3月から完全実施)

1. 食品衛生法

(1) 食品衛生法とは？

　　食品衛生法は「飲食に起因する衛生上の危害の発生を防止し，もって国民の健康の保護を図ること」を目的としている。厚生労働大臣が制定している。

(2) 食肉に関する基準

　　食品衛生法では，食肉中に残留する有害物質の種類として次の2つを定めて，それぞれの残留を規制している。

① 家畜に使用される動物用医薬品

　　抗生物質，合成抗菌剤，内寄生虫用剤，ホルモン剤，殺虫剤等

② 家畜に与えられる飼料から食肉へ移行する農薬

　　DDT，ディルドリン及びアルドリン，ヘプタクロル等

(3) HACCP (Hazard Analysis and Critical Control Point) とは？

　　原材料の受入から最終製品までの工程ごとに，微生物による汚染や異物の混入などの危害を把握した上で，それらの危害要因を除去低減させるために特に重要な工程 (Critical Control Point) を管理し，食品の安全性を確保する衛生管理の手法である。

　　国際的には先進国を中心に HACCP の義務化が進められてきた。我が国から輸出する食品にも要件とされるなど，今や国際標準となっている。

　　我が国でも，2018年6月に食品衛生法が改正され，すべての食品等事業者に HACCP による衛生管理が義務付けられた。完全施行は2021年6月頃とされている。

2．JAS（Japanese Agricultural Standards）法：「日本農林規格等に関する法律」

⑴ JAS法とは？

JAS法は農林水産大臣が制定している。JAS規格の国際化の推進を図るために2017年6月に法律が改正された。

JAS法にはJAS規格の検査に合格した製品にJASマークの貼付を認める「JAS規格制度」があり，製品の品質基準を規定している。ベーコン類，ハム類，プレスハム及びソーセージ，熟成ハム類，熟成ソーセージ類及び熟成ベーコン類，ハンバーガーパティ及びチルドハンバーグステーキ，チルドミートボールにはJAS規格が制定されている。

⑵ JAS規格におけるハム・ソーセージ・ベーコン

① 定義

JAS規格では，ハム・ソーセージ・ベーコン等の名称とその定義を表1-2-2の通り定めている。

定義には，その名称を名乗るときに，合っていなければならない原材料や製造工程などが決められている。

表1-2-2　JAS規格におけるハム・ソーセージ・ベーコンの定義

名　　称	定　　義
ベーコン類，熟成ベーコン類，ハム類，熟成ハム類等の単味品（単一肉塊製品）	豚部分肉を整形して塩せきし，くん煙・乾燥，加熱等の加工を行ったもの。
ソーセージ類，熟成ソーセージ類，プレスハム，チルドハンバーグステーキ，チルドミートボール（非単一肉塊製品）	いろいろな原料肉を小さな肉塊又は挽き肉にして塩せきし，くん煙・乾燥，加熱等の加工を行ったもの。

② 使用できる原料肉，原材料，添加物

JAS規格では，ハム・ソーセージ・ベーコンに使用できる原料肉，原材料，添加物が規格ごとに定められている。

③ 成分規格

JAS規格では，ハム・ソーセージ・ベーコンの成分規格（水分，粗たん白質，でん粉含有量等）が規格ごとに定められている。

④ 等級

JAS規格には，特級，上級，標準の等級がある。等級ごとに使用できる原

料肉，原材料，添加物が決められている。成分規格も等級で差がある。ただし，熟成ハム類，熟成ソーセージ類及び熟成ベーコン類は等級がない。

(3) JAS認証工場

　　JASマーク品を製造できる工場を「JAS認証工場」という。農林水産大臣に登録された登録認証機関から認証を受けて，JAS規格に適合した製品にJASマークを貼ることができる。（図1-2-1参照）

認証機関名　　　認証機関名

図1-2-1　等級のあるJASマーク　　　特定JASマーク　　　特色JASマーク

（注）「特定JASマーク」と「特色JASマーク」は熟成ハム類，熟成ソーセージ類及び熟成ベーコン類に適用される。「特定JASマーク」は2022年3月31日まで使用できる。

3．食品表示法

　　食品表示法に定める食品表示基準で，食品に表示すべき事項が定められている。これはすべての食品等事業者が守らなければならない。

　　ハム・ソーセージ・ベーコン等に必要な表示は，次の通りである。

①　名称（用語の定義に決められた文字）
②　原材料名（原料肉等配合割合の多い順に記載）
③　添加物
④　原料原産地名（第1位の原材料についてその原産地を記載）
⑤　内容量（g又はkgで記載）
⑥　賞味期限（品質を保持できる期間を年月日で記載）
⑦　保存方法（「10℃以下で保存」等と記載）
⑧　製造者（食品関連事業者）名及び住所
⑨　アレルゲン（7つの特定原材料を含んでいることを記載）
⑩　栄養成分（熱量，たん白質，脂質，炭水化物，食塩相当量を記載）

⑪　食肉製品の食品衛生法上の分類名（加熱食肉製品等と記載）
（注）④は2022年4月から完全実施，⑩は2020年4月から完全実施となる。

【参考】アレルゲンの特定原材料
　卵，乳，小麦，えび，かに，そば，落花生（7品目）
　これらが原材料に含まれている場合は，必ず表示する。

---

(1) 名称

　名称ごとにハム・ソーセージ・ベーコンの定義が決められている。定義に合う製品だけがその名称を表示することができる。

(2) 栄養成分の表示

　義務化される栄養成分は次の5項目である。

① 熱量
② たん白質
③ 脂質
④ 炭水化物
⑤ 食塩相当量

　栄養成分表示は原則として分析値を表示する。この場合，保健所等の収去検査において表示値に対して分析値が一定の範囲にないと，違反とされる。

　一方，表示された含有量に「合理的な根拠」があれば「推定値」又は「この表示値は，目安です」と表示した上で栄養成分を表示することもできる。この場合は，一定の範囲から外れても違反とはならない。ただし，表示した根拠資料は保管し，保健所等から命じられた場合は提示する義務がある。

　義務表示5項目のほかに，表示推奨項目として「飽和脂肪酸」，「食物繊維」がある。

(3) 成分を強調して表示する場合の基準

　栄養成分について「食塩低減」などの強調表示をする場合は，「分析値」を表示しなければならない。その表示を行うときは，強調表示する部分に近接した場所に，比較対象食品と強化（低減）された量又は割合を表示しなければならない。

① 栄養成分の量が多いことを強調するとき

「カルシウム強化」,「食物繊維入り」等,「高」,「多」,「豊富」等と強調して表示する場合は,「強化された旨の表示の基準値」以上であることが必要である。

② 栄養成分の量又は熱量が少ないことを強調するとき

「カロリーオフ」,「塩分ひかえめ」等,「低」,「少」,「ひかえめ」等と強調して表示する場合は,「低減された旨の表示の基準値」以下であることが必要である。

(4) 栄養成分義務表示の表示例（図1-2-2参照）

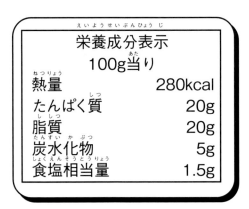

栄養成分表示

100g当り

熱量	280kcal
たんぱく質	20g
脂質	20g
炭水化物	5g
食塩相当量	1.5g

図1-2-2　栄養成分義務表示の表示例

(5) 加工食品の原料原産地名表示

消費者への情報提供を目的として,国内で製造した全ての加工食品について原料原産地を表示することとなった。原材料に占める重量割合が最も高い原材料（重量割合上位1位の原材料）の原産地名を表示する。原材料が国産品であるものには国産である旨を,輸入品であるものには「原産国名」を表示する。2022年4月から完全実施となる。（表1-2-3参照）

表 1-2-3　例：原料原産地名欄による表示

名称	ポークソーセージ（ウインナー）
原材料名	豚肉，豚脂肪，たん白加水分解物（大豆を含む），還元水あめ，食塩，香辛料（大豆を含む） ／調味料（アミノ酸等），リン酸塩（Na，K），・・・
原料原産地名	カナダ（豚肉）
内容量	150 g
賞味期限	2021年3月31日
保存方法	10℃以下で保存してください
製造者	□□株式会社 東京都○○区△△■－■－■

＊他に，原材料名欄に括弧書きで表示することもできる。（例：豚肉（カナダ））

　一括表示枠内に表示することが困難な場合，記載箇所を明記すれば別の箇所に表示することもできる。

第3節　食肉及び食肉製品の保存・衛生

1. 冷蔵及び冷凍による方法

(1) 枝肉の冷却（熟成）

　　と畜した直後のと体の筋肉は，①肉温が高い（約38℃），②軟らかい，③保水性が高い。しばらくすると筋肉は硬直を始める。さらに時間が経つと硬直が終了する。この間，枝肉は，表面に付着した微生物の増殖を防ぐためにぶら下げられ，冷蔵の状態（−1〜0℃）で熟成される。この状態で，筋肉は軟化して味や香りがよくなる。筋肉の硬直時間と冷蔵保存期間は肉の種類によって異なる。その関係を示したのが表1-3-1である。

表1-3-1　筋肉の硬直時間と冷蔵保存期間

肉の種類	硬直時間	と畜後の保存期間
牛肉	48時間	10日
豚肉	24時間	3〜5日
鶏肉	2〜4時間	0.5〜1日

(2) 食肉の冷蔵

　　枝肉は各部分肉に処理した時点で，食品衛生法としての食肉の保存基準を適用されるので，10℃以下の温度管理が必要となる。一般的な食肉の冷蔵は0℃付近で行うが，完全には微生物の増殖，変色等が抑えられないので，保存できる期間は，0℃保存の場合，豚肉で20日間，鶏肉で12日間程度である。

(3) 食肉の冷凍

　　食肉の品質をなるべく変えることなく長期間保存するには，−15℃以下で冷凍保存するとよい。冷凍すると微生物の発育は止まり，食肉由来の寄生虫も約1ヶ月程度で死滅する。また，凍結肉は酸化と乾燥を防止することによって，保存期間は向上（2年以上）する。

【参考】食肉の保管：
特に次のことに注意する。
① 冷蔵庫及び冷凍庫は，なるべく扉の開閉回数，開放時間を少なくして，設定温度を保つ。
② 冷蔵庫及び冷凍庫には，収容能力以上に詰め込まない。
③ 床に直接置かずにパレットやスノコなどの上で保管する。
④ 先入れ，先出しをして，消費期限または賞味期限内に使用する。

2. 塩蔵，塩せきによる方法

(1) 塩蔵

　塩蔵とは，食品に食塩を添加して水分活性を低下させ，微生物が利用できる水分を減少させてその生育を阻止させることである。一般的に，10%以上の食塩濃度下では微生物の発育を抑えることができる。

(2) 塩せき

　塩せきとは，食肉製品の製造では，原料肉を食塩，発色剤（亜硝酸塩，硝酸塩）及びビタミンC等の添加物（これらを総称して塩せき剤という）とともに低温（2～5℃）で一定期間漬け込むことをいう。塩分は塩蔵に比べ低濃度で行う。塩せきによって，乳酸菌，酵母等の有用菌を増加させ，食中毒菌の発育を防止する相乗効果（ハードル効果）を高めることができる。

【参考】微生物制御におけるハードル効果：
① 塩蔵では，微生物の生育を食塩のみで抑制するので，微生物が生存するために乗り越えるべきハードルは1つだけである。
② 塩せきでは，食塩のほか様々な添加物を加えるので，微生物が生存するために乗り越えるべきハードルは多くなる。
③ このように越えるべきハードルを増やすことで，殺菌率が高くなる。この作用をハードル効果という。

3. くん煙による方法

(1) くん煙

　くん煙とは木材を加熱して煙を発生させ，煙の成分（フェノール類，有機酸，カルボニル化合物等）を食肉表面に付着させることである。くん煙によって食肉

表面に存在する微生物が殺菌されるので, 食肉の保存性を高めることができる。また, くん煙によって風味が出てくるという特徴がある。

(2) 乾燥

くん煙効果を高めるために, くん煙前に製品を乾燥させる。乾燥によって製品表面の水分が取り除かれるので, 煙が付着しやすくなる。

4. 加熱による方法

加熱の主な目的は, 食中毒細菌, 腐敗細菌等の微生物を殺菌することであるが, 加熱条件(温度, 時間及び圧力)によって保存期間は大きく変わる。以下, 代表的な低温殺菌及びレトルト殺菌について述べる。

(1) 低温殺菌

一般的な食肉製品を製造する際の加熱条件である。製品中心部を63℃で30分(魚肉を含むものは80℃で20分)以上加熱して殺菌する方法である。

(2) レトルト殺菌

加圧加熱製品を製造する際の加熱条件である。ソーセージ及び混合ソーセージ等を気密容器で包装し, 中心部を120℃で4分以上加圧加熱して殺菌する方法である。これで殺菌したものは常温流通できることが特徴である。

5. 包装による方法

包装の主な目的は, 食肉及び食肉製品の品質を保持し, 微生物, 酸素, 紫外線などから製品を守ることにある。包装材料には種類が多く, その選択が難しい。使用する包装材料により, 次のような特性がある。

(1) 防湿性及び防水性

包装紙やセルロースケーシングは防湿, 防水性はないが, 金属フィルムや缶, ガラスビン, プラスチックフィルム等は防湿, 防水性に優れている。

(2) 耐圧性, 耐熱性及び耐寒性

レトルト殺菌を行う食品の包装材は, 高温高圧に耐え得るプラスチックフィルムやプラスチックフィルムに金属フィルム(アルミ箔)を繰返し積層(ラミネート)し

たレトルトパウチが使用される。

(3) 空気の遮断性及び遮光性

アルミ缶やレトルトパウチは酸素の遮断性及び遮光性に優れている。

(4) 機械的強度

セルロースケーシングは包装材としての機械的強度(引っ張る力,突き刺す力等)が強い。

【参考】包装形態
- 大きく分けると,①含気包装,②ガス置換包装,③真空包装,④脱酸素剤封入包装がある。
- 「含気包装」には,不活性ガスを封入する場合と単に二次汚染を防ぐ程度の簡易な包装がある。
- 「ガス置換包装」は,食品の変質要因となる空気を吸引排除して,窒素ガスや炭酸ガスを封入する。

第4節 ハム・ソーセージ・ベーコンの種類

1. ハム類

　ハムとは本来，豚もも肉を塩漬け，加工したものである。ハム類は，豚もも肉を原料とした骨付きハムやボンレスハムのことをいう。しかし，日本では色々な部位の豚肉を使用してハムを製造している。（図1-4-1参照）

　食品表示基準によるハム類の名称とその基準を表1-4-1に示す。

表1-4-1　食品表示基準による主なハム類の名称と基準

名　称	分類基準　（要約）
①骨付きハム	豚もも肉を骨付きのままで塩せきし，製造したもの
②ボンレスハム	豚もも肉から骨を抜いて塩せきし，ケーシングに充てんして製造したもの
③ロースハム	豚ロース肉を塩せきし，ケーシングに充てんして製造したもの
④ショルダーハム	豚肩肉を塩せきし，ケーシングに充てんして製造したもの
⑤ベリーハム	豚ばら肉を塩せきし，ケーシングに充てんして製造したもの
⑥ラックスハム	豚肩肉，ロース肉，もも肉を塩せきし，ケーシングに充てんして低温で（加熱しないで）製造したもの

表 1-4-1 のハム類の代表的なものを示したのが図 1-4-1 である。

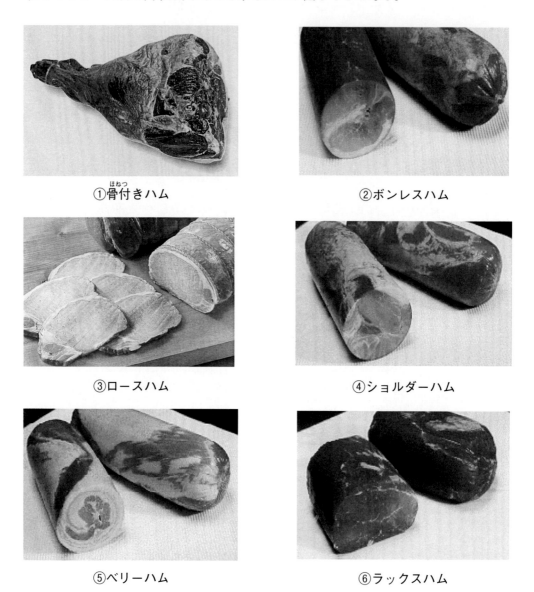

①骨付きハム

②ボンレスハム

③ロースハム

④ショルダーハム

⑤ベリーハム

⑥ラックスハム

図 1-4-1　ハムの種類

【参考】塩せきとは
　　食肉に食塩, 発色剤等を加え, 低温で漬け込みを行うことをいう。単なる「塩づけ」ではい。ハム, ソーセージ, ベーコンは, 無塩せきハム, 無塩せきベーコン, 無塩せきソーセージ以外は, 必ず塩せきする。

2．ソーセージ類

ソーセージ類には製造方法や使用する原材料，ケーシングの違いにより多くの種類や形態がある。一般的にソーセージは種々の原料肉を挽き肉にして塩せきや調味をした後，羊腸や豚腸等のケーシングに詰めて，くん煙・乾燥，加熱等の加工をしたものである。

食品表示基準によるソーセージ類の名称とその基準を表1-4-2に示す。

表1-4-2　食品表示基準による主なソーセージ類の名称と基準

名　称	分類基準（要約）
①ソーセージ	家畜・家きん肉等を塩せき，挽き肉にし，ケーシングに充てん後，くん煙加熱したもの（塩せきしないもの，くん煙しないで加熱したものも含む）
②ウインナーソーセージ	ソーセージのうち羊腸を使用したもの，または太さが20mm未満のもの
③フランクフルトソーセージ	ソーセージのうち豚腸を使用したもの，または太さが20mm以上36mm未満のもの
④ボロニアソーセージ	ソーセージのうち牛腸を使用したもの，または太さが36mm以下のもの
⑤リオナソーセージ	グリーンピース等の種物を加えて製造したソーセージ
⑥レバーソーセージ	家畜・家きんのレバーを加えて製造したソーセージ
⑦ドライソーセージ	水分を35%以下まで乾燥したもの
⑧セミドライソーセージ	水分を55%以下まで乾燥したもの
⑨無塩せきソーセージ	塩せきしない（発色剤を使用しない）で製造したもの
⑩加圧加熱ソーセージ	120℃4分と同等以上に加熱して製造したもの

（注）②，③，④及び⑤を「クックドソーセージ」ともいう

表1-4-2のソーセージ類の代表的なものを示したのが図1-4-2である。

②ウインナーソーセージ　　　　③フランクフルトソーセージ

④ボロニアソーセージ　　　　　⑤リオナソーセージ

⑥レバーソーセージ　　　　　　⑦ドライソーセージ

⑨無塩せきソーセージ　　　　　⑩加圧加熱ソーセージ

図1-4-2　ソーセージの種類

3．ベーコン類

　ベーコンは，ハムと同じように豚肉を低温で塩せきした後くん煙して製造するため，製造方法上では大きな違いはない。ベーコンとハムの区分は難しいが，ベーコンは「塩せきした後，ケーシングを使わずにくん煙したもの」と定義して区分している。したがって，ベーコンは湯煮や蒸煮による加熱は行わず，必ずくん煙する。

　ベーコンは豚ばら肉を原料とする製品（ばらベーコン）が多く製造されているが，豚ロース肉や豚肩肉を原料とした製品もある。

　食品表示基準によるベーコン類の名称とその基準を表1-4-3に示す。

表1-4-3　食品表示基準による主なベーコン類の名称と基準

名称	分類基準（要約）
①ベーコン	豚わき腹肉を塩せきし，くん煙したもの
②ロースベーコン	豚ロース肉を塩せきし，くん煙したもの
③ショルダーベーコン	豚の肩肉を塩せきし，くん煙したもの
④サイドベーコン	豚の半丸枝肉を塩せきし，くん煙したもの
⑤ミドルベーコン	豚の胴肉（半丸から肩，もも部を除いたロース肉とわき腹肉の部分）を塩せきし，くん煙したもの，またはサイドベーコンの胴肉を切り取り，整形したもの

　表1-4-3中のベーコン類の代表的なものを示したのが図1-4-3である。

①ベーコン　　　　　　　③ショルダーベーコン

図1-4-3　ベーコンの種類

【参考】ベーコン類とハム類の違い

ベーコン類		ハム類
原料肉を塩漬けする（発色剤を使用する）	＝	原料肉を塩漬けする（発色剤を使用する）
原料肉の部位が決まっている	＝	原料肉の部位が決まっている
ケーシングに充てんしない	≠	ケーシングに充てんする（骨付きハムを除く。）
必ずくん煙する	≠	くん煙しなくてもよい
湯煮，蒸煮を行わない	≠	湯煮，蒸煮を行う（ラックスハムを除く。*）

＊骨付きハムは湯煮，蒸煮することができる。

4．プレスハム，チョップドハム及び混合プレスハム

プレスハム，チョップドハム及び混合ハムは語尾にハムという言葉が付いているため，ハム類に属すると誤解しがちである。外観はハム類に似ているが，品質はソーセージに近い。

(1) プレスハム

ハム等の原料肉を整形して生じた端材（くず肉）を集めてハム風に作られたのがプレスハムの始まりである。挽き肉やでん粉，動植物性たん白等でつくるペースト状の「つなぎ肉」を用いて，肉塊と肉塊をつないで製造する。プレスハムには表1-4-4 の規格が設けられている。（図1-4-4 参照）

表1-4-4　プレスハムの規格

基準	区分	肉塊の大きさ	肉塊の割合	つなぎの割合	その他
JAS 基準	特級	20 g 以上	90％以上	3 ％以下	肉塊：豚肉のみ
	上級				肉塊：豚肉50％以上
	標準		85％以上	5 ％以下	―
品質表示基準	なし	10 g 以上	―	20％以下	―

図 1-4-4　プレスハム

(2) 混合プレスハム

　食品表示基準では，肉塊は10ｇ以上，つなぎの割合が20％以下，さらに魚肉は食肉全体の50％までという制限が設けられている。混合プレスハムにはJAS規格はない。

(3) チョップドハム

　肉片の大きさがプレスハムよりも小さく，1ｇ以上のものをいう。チョップドハムは食品表示基準での定義はなく，「ハム・ソーセージ類の表示に関する公正競争規約」によって，規定されている。JAS規格はない。（図1-4-5参照）

図 1-4-5　チョップドハム

【参考】ハムとプレスハム，チョップドハム及び混合プレスハムの違い

1．ハムは豚の部分肉をそのままの大きさで利用して製造する。

2．プレスハム，チョップドハム及び混合プレスハムは次の3点で，ハムと異なる。
　① 豚肉のほか牛，羊，馬，山羊及び家きんの肉も利用すること。
　② 肉塊の集まりであること（複数の肉塊をつなぎ合わせて製造する）。
　③ 肉塊をつなぎ肉でつないでいること。

5．食品衛生法による分類

　ハム・ソーセージ・ベーコンは，微生物制御の観点から，製造方法及び加熱方法により，加熱食肉製品，非加熱食肉製品，特定加熱食肉製品及び乾燥食肉製品に分類される。

食品衛生法における食肉製品の分類は表1-4-5の通りである。

表1-4-5　食品衛生法における食肉製品の分類

分類名	要件		代表的な製品名	
	加熱，pH及びAw条件	保存温度	単一肉塊製品	非単一肉塊製品
加熱食肉製品・加熱後包装・包装後加熱	・63℃で30分以上 ・上記条件と同等以上の加熱殺菌	10℃以下	ハム類（骨付きハム，ボンレスハム，ロースハム，ショルダーハム），ベーコン類（ベーコン，ロースベーコン等），煮豚	ウインナー，フランクフルト，ボロニア，リオナ，セミドライ，無塩せき，混合等のソーセージ，プレスハム
非加熱食肉製品	【単一肉塊製品】 ・Aw0.95未満	10℃以下	ハム類(ラックスハム，パルマハム等)，ベーコン類(ベーコン，ロースベーコン)	加熱しないで乾燥させるタイプのセミドライソーセージ〔発酵タイプのソーセージ〕
	・Aw0.95以上	4℃以下		
	【非単一肉塊製品】 ・pH5.0未満 ・Aw0.91未満 ・pH5.3未満かつAw0.96未満	10℃以下		
	・pH4.6未満 ・pH5.1未満かつAw0.93未満	常温		
特定加熱食肉製品	・Aw0.95以上	4℃以下	ローストビーフ	製造できない
	・Aw0.95未満	10℃以下		
乾燥食肉製品	・Aw0.87未満	常温	ハム類（コッパ），ビーフジャーキー，ポークジャーキー	強く乾燥させるドライソーセージ

Aw：水分活性

【参考】単一肉塊製品と非単一肉塊製品の違い
　部分肉をそのまま使用するか否かで，単一肉塊製品と非単一肉塊製品に区分される。
　「肉塊」製品と「挽肉」製品ととらえることができる。食品衛生上，内部に微生物汚染が起こる可能性があるものが非単一肉塊製品である。

第5節　食肉製品の基礎知識

1. 食肉製品の製造基準

　　微生物が生育するには，温度，pH，酸素等の条件が必要である。この条件が1つ欠けると生育が抑制される。食肉製品を製造する工程では，微生物の性質を踏まえて製造条件や保存条件を定めている。

　　食品衛生法では微生物制御を目的とした製造基準等を表1-5-1の通り定めている。

表1-5-1　食品衛生法における食肉製品の製造基準の要点

分類名	製造基準				加熱，乾燥，くん煙，冷却及び保存の条件
	原料肉	解凍整形	塩漬け		
			温度，Aw(水分活性)	方法	
加熱食肉製品			・63℃で30分以上（魚肉を含むものは80℃で20分以上）の加熱が必要 ・包装後加熱（包装した後加熱殺菌するもの） ・加熱後包装（加熱殺菌した後包装するもの）		(保存温度10℃以下)
非加熱食肉製品	使用する原料肉はと殺後24時間以内に4℃以下に冷却し，かつpHが6.0以下	冷凍原料肉の解凍及び整形工程の肉温は10℃以下	単一肉塊製品 ・肉塊の温度5℃以下，塩漬け終了時のAw0.97未満となるよう食塩を添加 ・塩抜きは5℃以下の水	亜硝酸Na不使用 6％以上の食塩で40日以上	(保存温度10℃以下)20℃以下で53日以上 Aw0.95未満となるまで乾燥
				亜硝酸Na使用 ①乾塩法（食塩6％以上，亜硝酸Na200ppm以上） ②塩水静置法 ③塩水一本針注入法（食塩15％以上，亜硝酸Na200ppm以上）	(保存温度10℃以下)20℃以下又は50℃以上でAw0.95未満となるまで乾燥
					(保存温度4℃以下)Aw0.95以上の乾燥
			非単一肉塊製品 —	20mm以下に細切りして食塩3.3％以上，亜硝酸Na200ppm以上	(保存温度10℃以下)20℃以下で20日以上，pH5.0未満，Aw0.91未満又はpH5.3，Aw0.96未満まで乾燥

特定加熱食肉製品	同上	同上	—	・調味料，香辛料等使用する場合には，肉塊の表面に塗布する（肉塊内部への注入は禁止） ・塩抜きは5℃以下の水	・加熱：55℃で97分から63℃で瞬時 ・昇温速度：35～52℃の温度帯を170分以内 ・冷却速度：25～55℃の温度帯を200分以内
乾燥食肉製品	・最終製品のAw0.87未満				（常温流通可）

2．食肉製品の微生物基準

　　　食肉製品の微生物基準は製品分類によって異なる。食品衛生法における食肉製品の微生物基準は表1-5-2の通りである。

表1-5-2　食品衛生法における食肉製造の微生物基準

製品分類 ＼ 対象微生物		E.coli①	黄色ブドウ球菌①	サルモネラ属菌①	大腸菌群②	クロストリジウム属菌③	リステリア・モノサイトゲネス
加熱食肉製品	加熱後包装	陰性	1,000/g以下	陰性	—	—	—
	包装後加熱	—	—	—	陰性	1,000/g以下	—
非加熱食肉製品		100/g以下	1,000/g以下	陰性	—	—	100/g以下
特定加熱食肉製品		100/g以下	1,000/g以下	陰性	—	1,000/g以下	—
乾燥食肉製品		陰性	—	—	—	—	—

① E.coli, 黄色ブドウ球菌及びサルモネラ属菌は製造・包装工程で衛生的かつ適正な作業が行われたことの指標である。
② 大腸菌群は63℃で30分以上の加熱が行われたことの指標である。
③ クロストリジウム属菌は適切な冷却が行われたことの指標である。

3. 食肉製品の微生物基準に係わる細菌の種類と特性

(1) E.coli

大腸菌群のうち，44.5℃で24時間培養したときに，乳糖を分解して，酸及びガスを生ずるものをいう。食肉製品に E.coli が存在したときは，ヒトや動物のふん便に汚染されたことを意味する。

(2) 黄色ブドウ球菌

ヒトや動物の皮膚や粘膜の常在菌である。食品中で増殖すると，エンテロトキシンと呼ばれる毒素を産生する。この毒素により食中毒を起こす。

冷蔵温度帯では増殖できないので，衛生管理のポイントは食品中で増殖させないことである。ヒトからの汚染を防ぐために，取り扱う者は十分な手洗い，帽子やマスクの着用が大切である。

(3) サルモネラ属菌（図1-5-1参照）

感染型食中毒を起こす代表的な菌種で，ヒトや動物の腸管内に存在する。食肉製品のサルモネラ汚染は，ヒトや動物のふん便による汚染と考えられる。

加熱食肉製品の製造基準で定められている，63℃，30分間以上の加熱殺菌により死滅させることができる。加熱殺菌後は衛生的に取り扱うことが重要である。

(4) 大腸菌群

E.coli と違い，必ずしもヒトや動物のふん便と結びつかない。加熱殺菌された食品から検出される場合は，加熱処理が不十分であったと考えられる。

(5) クロストリジウム属菌

嫌気性で芽胞を形成する細菌である。本来，土壌など自然界に広く分布し，ヒトや動物の腸管にも常在している。芽胞は加熱に強く，芽胞ができてしまうと63℃，30分間以上の加熱殺菌では死滅できない。増殖，芽胞形成を防ぐためには速やかな加熱，冷却が重要である。

(6) リステリア・モノサイトゲネス（図1-5-2参照）

河川水や動物の腸管内など環境中に広く分布している。他の一般的な食中毒菌と同様に加熱により死滅するが，4℃以下の低温や，12%食塩濃度下でも増殖できる点が特徴である。食品を冷蔵庫で保存したり，塩づけしていると，食中毒菌

が増えないと思いがちだが，このような条件でもリステリアは増殖し，食中毒の原因になる恐れがある。そのため，加熱殺菌を行わない非加熱食肉製品では重要な菌種の1つである。

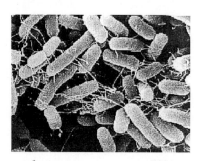

図1-5-1　サルモネラ属菌

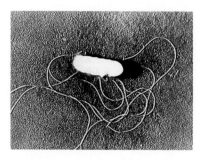

図1-5-2　リステリア・モノサイトゲネス

提供：東京都健康安全研究センター

以下の問題について，正しい場合は○，間違っている場合は×で解答しなさい。

1. 日本で最も多く消費される食肉は，鶏肉である。

2. 肉製品の食肉以外の原材料の分類は，大きく3つ（原料魚肉類，原料臓器類及び可食部分）に分類される。

3. 食品衛生法では食肉に関する成分規格として，食中毒細菌の基準を定めている。

4. HACCP は原材料の受入から最終製品までの工程ごとの衛生管理方法である。

5. JAS 規格にはハム・ソーセージ・ベーコンの表示基準が決められている。

6. 豚や牛の枝肉の熟成は，一般的に－1～0℃の冷蔵庫で行う。

7. 微生物にその生育を抑制する効果のある物質（水分活性：Aw 低下の食塩，殺菌作用の保存料等）をいくつか組み合わせて与え，微生物が生存するために乗り越えるべきハードルを増やすことで，殺菌率を高めることができる。この作用をハードル効果という。

8. ラックスハムは，豚ばら肉をケーシングに充てんして製造したものである。

9. 食品衛生法では，加熱食肉製品，非加熱食肉製品の製造基準は同じである。

10. サルモネラ属菌は，加熱しても死滅しないので，汚染されないことが大事である。

第 1 章　確認問題の解答と解説

1.　×（理由：日本で消費される食肉は，豚肉が一番多く，次に鶏肉，牛肉の順である。）

2.　○

3.　×（理由：食品衛生法で食肉に関して定めている基準は，動物用医薬品及び農薬の残留基準値である。なお，食肉製品については，成分規格を定めている。）

4.　○

5.　×（理由：JAS規格は製品の品質基準を規定している。表示基準を規定しているのは食品表示基準である。）

6.　○

7.　○

8.　×（理由：問題文は，ベリーハムの説明である。）

9.　×（理由：加熱食肉製品，非加熱食肉製品は，それぞれに製造基準が定められている。）

10.　×（理由：63℃，30分間以上の加熱で死滅する。）

第2章　ハム・ソーセージ・ベーコンの製造

　ハム・ソーセージ・ベーコンを製造するには，製造工程全般の各作業の内容を理解する必要がある。本章は，ハム・ソーセージ・ベーコン製造の工程，原料肉，製造方法等に関する専門的知識・技能を修得することを目標としている。

第1節　ハム・ソーセージ・ベーコンの製造工程

　ハム・ソーセージ・ベーコンの製造工程はそれぞれ異なる。

1．ハム類の製造

　日本では豚の色々な部位の肉を使用してハムを製造している。また，ハムの品質は，肉の部位や製造方法によって異なる。

　ハム類の製造工程は次の通りである（図2-1-1から図2-1-4参照）。

(1)　骨付きハム

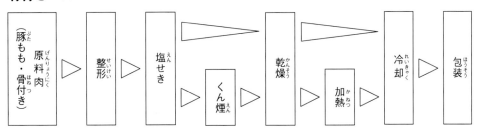

図2-1-1　骨付きハムの製造工程

(2)　ボンレスハム

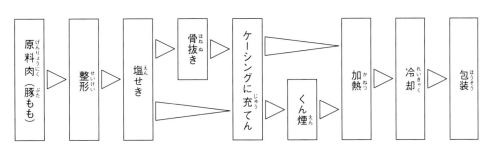

図2-1-2　ボンレスハムの製造工程

⑶ ロースハム，ショルダーハム及びベリーハム

ロースハム，ショルダーハム及びベリーハムの製造工程は，ほぼ同じである。

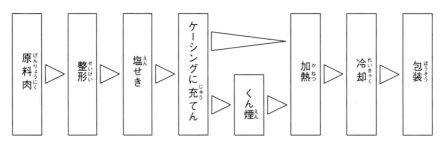

図 2-1-3　ロースハム，ショルダーハム及びベリーハムの製造工程

⑷ ラックスハム

ラックスハムの製造には，加熱工程がないのが特徴である。

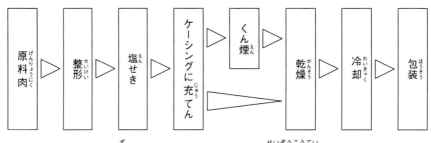

図 2-1-4　ラックスハムの製造工程

2．ソーセージ類の製造

ソーセージ類は，充てんするケーシングの種類や製造方法により製品の種類が異なる（図 2-1-5 から図 2-1-8 を参照）。

⑴ クックドソーセージ（ウインナーソーセージ，フランクフルトソーセージ，ボロニアソーセージ等)

湯煮または蒸煮により加熱する製造法である。

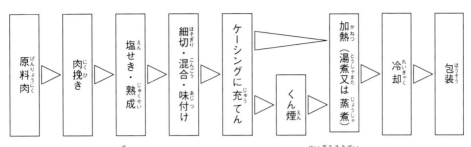

図 2-1-5　クックドソーセージの製造工程

(2) ドライソーセージ

加熱せずに乾燥させる製造法である。

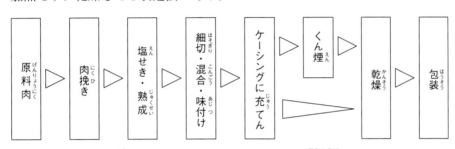

図 2-1-6　ドライソーセージの製造工程

(3) 無塩せきソーセージ

塩せきを行わない（発色剤を使用しない）製造法である。

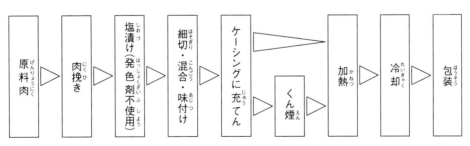

図 2-1-7　無塩せきソーセージの製造工程

⑷　リオナソーセージ

　　ソーセージにグリンピース，ピーマン，にんじん等の野菜，米，麦等の穀粒，ベーコン，ハム等の肉製品，チーズ等の種ものを加えたものである。

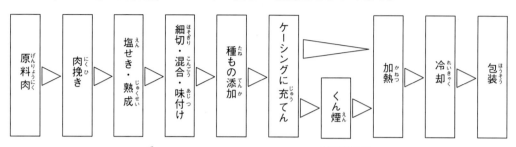

図 2-1-8　リオナソーセージの製造工程

3．ベーコン類の製造

　　ベーコンは使用する原料肉（豚肉）の部位により区分されるが，図 2-1-9 に示すベーコン類の製造工程は同じである。

　　JAS 規格におけるハムとベーコンの製造工程の違いは 表 2-1-1 の通りである。

表 2-1-1　ハムとベーコンの製造工程の違い

ハム	ベーコン
・ケーシングに充てんする。 ・くん煙する場合としない場合がある。 ・湯煮または蒸煮の工程がある。（ラックスハムをのぞく）	・ケーシングに充てんしない。 ・必ずくん煙する。

　　ベーコン類の製造工程は次の通りである。

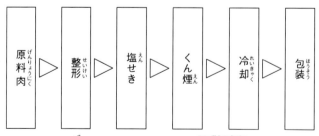

図 2-1-9　ベーコンの製造工程

　　ベーコン類はケーシングに充てんしないため，ベーコンピン（フック）に刺して台車に掛けるなどしてくん煙する。

4．プレスハムの製造

　製造工程は他の製品とほぼ同じである。ただし，肉塊とつなぎを混ぜ合わせる工程（☆）が加わるのが特徴である。

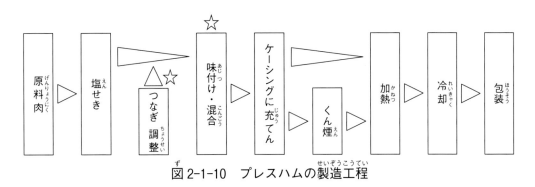

図2-1-10　プレスハムの製造工程

第2節　ハム・ソーセージ・ベーコン用原料肉の処理

　第1節では製造工程全体について説明した。第2節では製造の前半で行う「原料肉の処理」,「脱骨」「整形」及び「肉挽き」の作業について,豚肉を例に説明する。

１. 豚の分割作業
(1)　豚の加工の流れ
　　豚の生体は,図2-2-1のような流通過程を経て精肉となる。

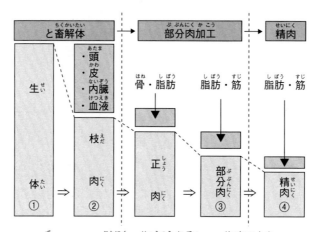

図2-2-1　豚肉の流通過程での形態変化

(2)　豚肉の流通過程における形態変化と特徴
　　図2-2-1で示した豚肉の形態には表2-2-1のような特徴がある。

表2-2-1　豚肉の形態別特徴

形態	特徴	重量	比率(%)
①生体	・生きている状態(頭・皮・骨・内臓あり)	1頭あたり約108kg	100
②枝肉	・と畜解体した状態 ・頭・皮・内臓を取り,背骨に沿って2分割したもの	枝肉2本(左・右) 約76kg	70
③部分肉	・枝肉を分割し,各部位から骨を除去し,脂肪を一定の厚さにした状態 ・ハム・ソーセージの原料として使用	部分肉合計 約55kg	51
④精肉	・部分肉からさらに脂肪・筋を取り除いた上で,スライス等を施し,食用として食べられる状態にしたもの	精肉合計 約46kg	43

⑶ 内臓

内臓とは動物の胸部と腹部内の器管のことである。内臓はビタミン，鉄分などの栄養素を比較的多く含む。通常，内臓は調理，加工し，食される。豚の小腸などの一部の内臓はソーセージのケーシングにも利用される。

ハム，ソーセージやベーコンの原料となる原料畜肉類，臓器及び可食部分には表2-2-2のようなものがある。

表 2-2-2　原料畜肉類・臓器及び可食部分

	名称
原料畜肉類	家畜（豚，牛，馬，めん羊，山羊），家きん，家兎の肉
臓器および可食部分	肝臓，じん臓，心臓，肺臓，ひ臓，胃，腸，食道，脳，耳，鼻，皮，舌，尾，横隔膜，血液，脂肪層

⑷ 筋肉

家畜，家きんの筋肉は，その構造と働きから図2-2-2のように骨格筋（横紋筋ともいう），平滑筋及び心筋の3種類に分けられる。

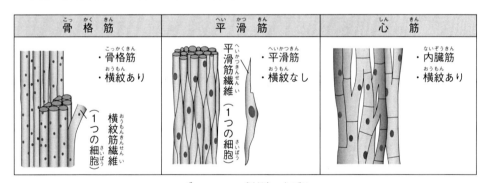

図 2-2-2　筋肉の種類

【参考】

骨格筋：
- 家畜の体には600種以上の骨格筋があり，食肉として最もよく利用される。
- 動物の意思に基づき動く随意筋

平滑筋
- いわゆるホルモンとして食されている。
- 動物の意思とは無関係に動く不随意筋

心筋
- ハツとして流通し，食されている。
- 動物の一生涯を通して一定のリズムで血液を全身に送り続ける働きをする不随意筋

2．豚枝肉の分割作業

豚の骨格は図2-2-3のようになっており，多数の骨および軟骨によって構成されている。

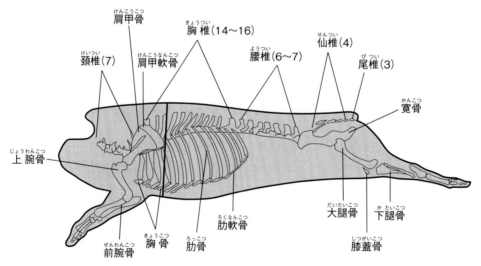

図2-2-3　豚の骨格（数字＝骨の数）

生体はと畜場で解体され，「枝肉」として取引される。枝肉はそのままでは，大きすぎて骨抜き作業がしにくいので，一度，肩，ロースばら及びももの3つの部分に分割する。その後，ロースばらをロースとばらに分割する。

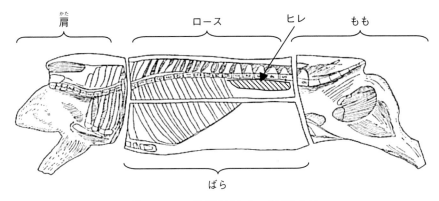

肩　　　　　　　ロース　　　　　ヒレ　　　　もも

ばら

図 2-2-4　豚枝肉各部の分割部位

図 2-2-5 は枝肉を分割していく様子を示す。

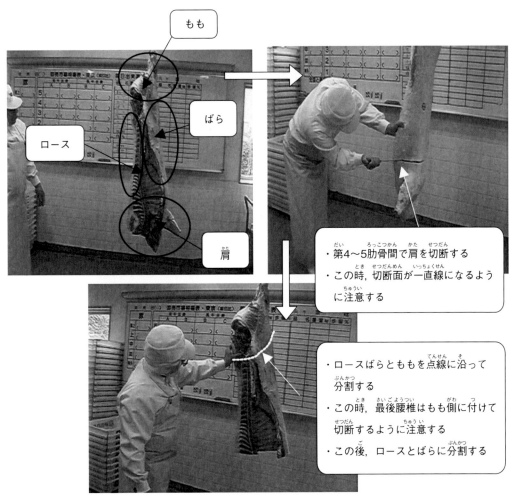

もも

ばら

ロース

肩

・第4〜5肋骨間で肩を切断する
・この時，切断面が一直線になるよう
　に注意する

・ロースばらとももを点線に沿って
　分割する
・この時，最後腰椎はもも側に付けて
　切断するように注意する
・この後，ロースとばらに分割する

図 2-2-5　豚枝肉の分割

骨抜き作業とは，分割した骨付き肉から骨を取り除く作業のことである。骨抜き作業を行う場合の注意点は次の通りである。

・安全第一で作業を行うこと。
・できるだけ骨に肉を付けない（歩留まりを上げる）こと。
・部分肉に軟骨等の骨片を残さないこと。
・短時間で作業を終え，肉温を上げないこと。

3．肩の骨抜き作業

　肩は，図2-2-6に示すように肩ロース，うで，まえすね，肩ばら及び首つるから構成されている。うで，まえすね，肩ばら及び首つるは運動量の多い筋肉が集まっているので，肉質はやや硬く，肉色も他の部分に比べて濃い。

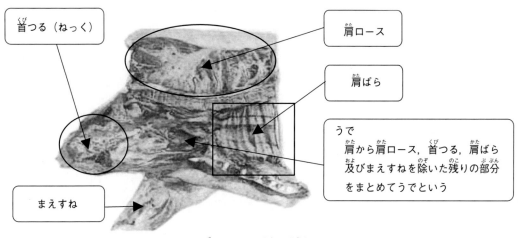

首つる（ねっく）

肩ロース

肩ばら

うで
肩から肩ロース，首つる，肩ばら及びまえすねを除いた残りの部分をまとめてうでという

まえすね

図2-2-6　肩の構成

　肩には多くの骨があるため，骨抜き作業をする時，軟骨等の骨が肉に残りやすいという難点がある。肩の骨抜きの手順とその要点を図2-2-7に示す。

① 前腕骨の除去

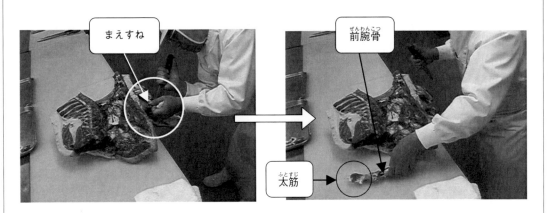

まえすね

前腕骨

太筋

・まえすねを作業台から出し，前腕骨に
　そって左右にナイフを入れる

・前腕骨の太筋をはずし，肘の関節に
　ナイフを入れる
・関節を開いて前腕骨を除去する

② 頚椎，胸椎及び肋骨の除去

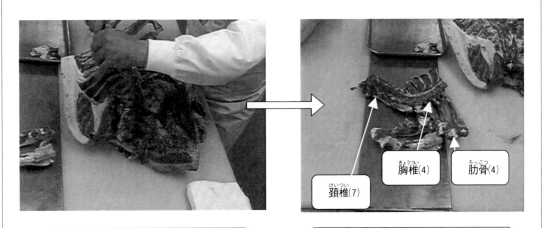

胸椎(4)

肋骨(4)

頚椎(7)

・頚椎，胸椎及び肋骨にナイフを入れ，
　一度に除去する
・軟骨等が残りやすいので注意すること

頚椎(7個)，胸椎(4個)，肋骨(4個)

③ 肩甲骨の除去

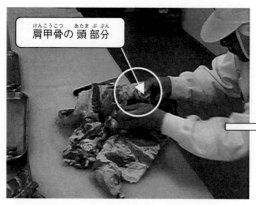

肩甲骨の頭部分

肩甲骨

・肩ばらを筋肉の境目で開いて肩関節を
　出す
・肩甲骨に沿って骨の厚み分だけナイフ
　を入れる
・肩甲骨の頭の筋をきれいにはがす

・肩甲骨を一気に引きはがす（肩甲骨
　の頭の筋をきれいにはがしていない
　とうまくいかない）
・肩甲軟骨が残らないように注意する
　こと

④ 上腕骨の除去

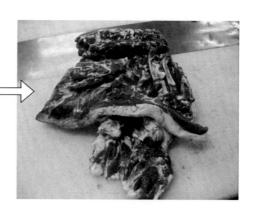

・にのうで（上腕二頭筋）を開いて上腕骨
　を出し，骨の左右にナイフを入れる
・骨を引き起こし，骨頭の周りの筋を切
　り取る

肩の骨抜き完了

図 2-2-7　肩の骨抜き作業

４．ロースばらの骨抜き作業

ロースばらは図2-2-8に示すようにロースとばらから構成される。

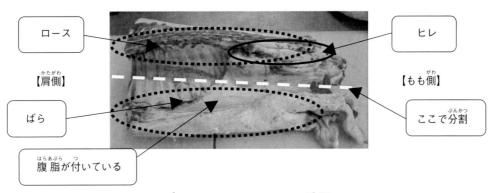

図2-2-8　ロースばらの構成

ロース部分の肉はきめが細かく、軟らかい。全体的に脂肪に被われている。主にロースハムの原料として利用される。

ヒレは腰椎の内側にあり、きめが細かく、軟らかい。脂肪が少なく、主に精肉として利用される。ばらは腹の部分の肉で、赤身と脂肪が交互の層になっており、三枚肉とも呼ばれる。肉質は軟らかく、コクと風味に富んでいる。主にベーコンの原料として利用される。ロースばらは、脱骨後に軟骨が残りやすいので、骨の点検が必要である。

ロースばらの骨抜きの手順とその要点を図2-2-9に示す。

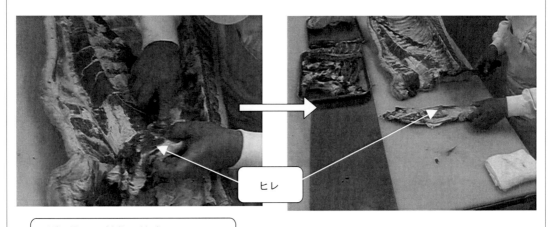

① ヒレ肉の除去

・背骨（腰椎）の内側に付着しているヒレをていねいにはがす

② 肋骨の除去

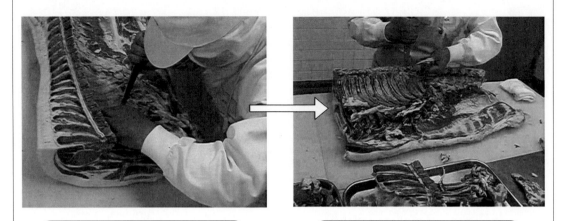

・肋骨の左右に骨の厚み分だけナイフを入れる

・この時，深く入れ過ぎないように注意する

・ロースばらの向きを変え，背骨（胸椎及び腰椎）の付け根までナイフを入れて折る

③ ロースとばらの分割

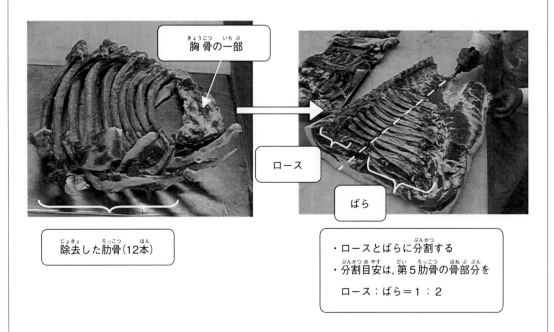

胸骨の一部

ロース

ばら

除去した肋骨（12本）

・ロースとばらに分割する

・分割目安は，第5肋骨の骨部分を

ロース：ばら＝1：2

④　胸椎及び腰椎の除去

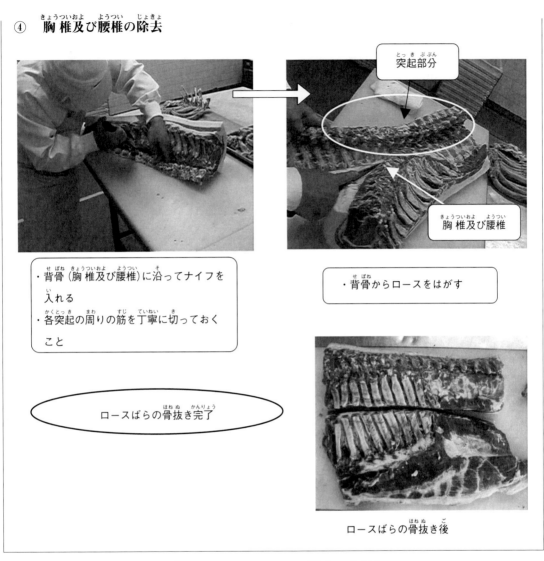

突起部分

胸椎及び腰椎

・背骨（胸椎及び腰椎）に沿ってナイフを
　入れる
・各突起の周りの筋を丁寧に切っておく
　こと

・背骨からロースをはがす

ロースばらの骨抜き完了

ロースばらの骨抜き後

図 2-2-9　ロースばらの骨抜き作業

5．ももの骨抜き作業

　ももは図 2-2-10 に示すように，うちもも，しんたま，そともも及びともすねから構成
されている赤身肉である。

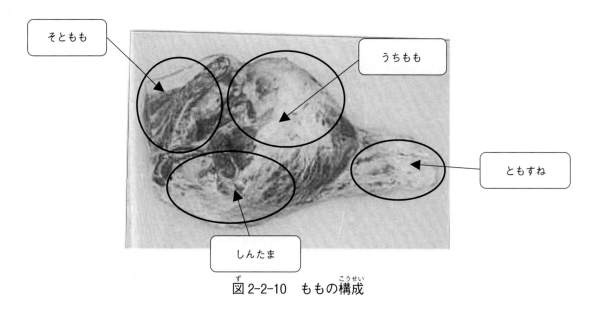

そともも

うちもも

ともすね

しんたま

図2-2-10　ももの構成

　うちももはきめが細かく，肉色は淡く，軟らかい。しんたまの肉色はやや濃いが，肉質はうちももとほとんど変わらない。そとももは運動量の多い部分で，肉のきめはやや粗く，硬く，肉色も濃い。うちもも，しんたま，そとももはボンレスハムの原料として利用されている。ともすねは肉質が硬いので，ソーセージの原料として利用されている。ももの骨抜きの手順とその要点を図2-2-11に示す。

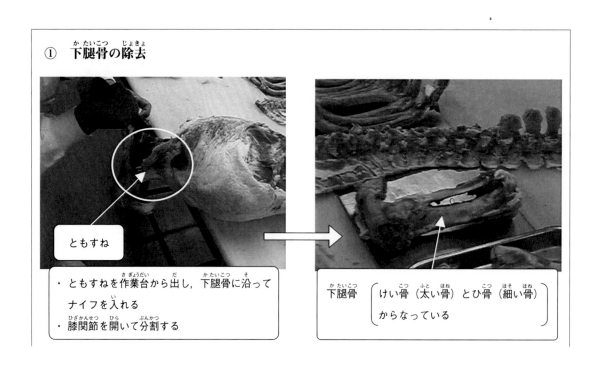

① 下腿骨の除去

ともすね

・ ともすねを作業台から出し，下腿骨に沿ってナイフを入れる
・ 膝関節を開いて分割する

下腿骨 （ けい骨（太い骨）とひ骨（細い骨）からなっている ）

② 寛骨の除去

寛骨

・寛骨の周囲にナイフを入れる
・股関節を切って，除去する

③ 大腿骨の除去

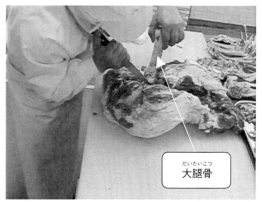

大腿骨

・うちももとしんたまの境目を開き，大腿骨
　を出して，骨の厚み分だけナイフを入れる
・引き起こした後，骨頭の周りの筋を切って
　除去する

④ 膝蓋骨の除去

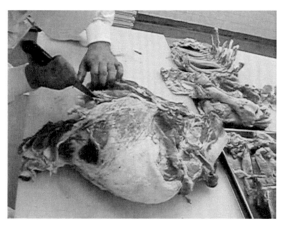

・骨の左右にナイフを入れて除去する

ももの骨抜き完了

ももの骨抜き後

図 2-2-11　ももの骨抜き作業

6．整形作業

　整形とは，骨抜きを終えた部分肉から余分な脂肪や肉片を切り落とし，脂肪の厚さ等を一定にする作業である。

　整形は，加工用や精肉販売用等，食肉を最終的に使用する形に応じて行う。この時，骨抜きで充分に取りきれなかった骨片や，軟骨，太い筋等を除去する。(図 2-2-12 参照)

肩ロース部分の脂肪整形

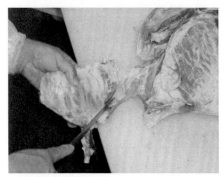
もものともすね部分を小分割

肩の整形後

ロースの整形後

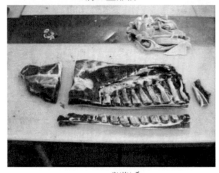
ばらの整形後

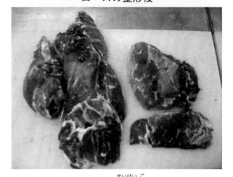
ももの整形後

図 2-2-12　整形作業例

7．肉挽き

　肉挽きとは，硬い肉を利用しやすくしたり，様々な用途で使えるようにしたりするために，チョッパーで肉を挽く作業である。赤身と脂肪を同時に挽く場合もある。あらびきの場合は目の粗いプレートで挽くとよく，あらびきソーセージの原料肉はチョッパーのプレート目5mm以上で1回挽いた肉またはこれと同程度のものを原料とすることがハム・ソーセージ類の表示に関する公正競争規約及び施行規則で定められている。（図2-2-13参照）

　肉挽き作業や肉挽きされた肉を「ミンチ」と呼ぶ。ミンチは，ソーセージ等の加工に使用したり，そのまま精肉として販売したりする。ソーセージの製造工程においても，原料肉を肉挽き（ミンチ）する工程がある。

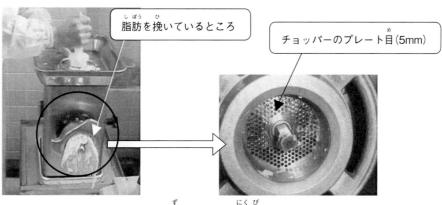

脂肪を挽いているところ

チョッパーのプレート目（5mm）

図2-2-13　肉挽き

第3節　ハム・ソーセージ・ベーコンの製造方法

　第2節では，製造工程の前半で行う「原料肉の処理」，「脱骨」，「整形」及び「肉挽き」について説明した。第3節では，製造工程の後半で行う「塩せき」，「細切・混合」，「充てん」，「くん煙」，「包装」等の作業について述べる。

1．塩せき作業

　塩せき作業とは，食肉に食塩，発色剤，酸化防止剤，リン酸塩等の塩せき剤を加えることである。これによってハム・ソーセージ・ベーコン特有の色調，保水性，結着性，保存性，風味が付与される。

　食肉製品の塩せきには発色剤として亜硝酸ナトリウム，硝酸ナトリウム，硝酸カリウムの3種類の使用が認められている。硝酸ナトリウム，硝酸カリウムは細菌などの働きによって亜硝酸に還元され，亜硝酸はさらに一酸化窒素になって効果を発揮する。（図2-3-1参照）

図2-3-1　塩せき作業

(1)　塩せきの目的

　塩せきには主に次の目的がある。

①　肉色を固定する

　食肉の色素たん白質であるミオグロビンと亜硝酸から生じる一酸化窒素との反応によってニトロシルミオグロビンが形成される。これがCured meat colorと呼ばれる塩せき肉特有の赤色であり，生ハムなどの非加熱食肉製品の色である。さらに，加熱によって桃赤色のニトロシルヘモクロムが形成され，ハムやベーコン

などの加熱食肉製品特有の桃赤色（Cooked cured meat color）として固定される。

② 結着性及び保水性を向上させる

　ハムやソーセージの製造時には原料となる肉塊や挽肉が相互に密着して結合する性質が必要である。この性質を結着性といい，弾力性のある製品をつくる上で重要である。食肉に食塩を加えると，塩溶性たん白質であるミオシンが可溶化する。ミオシンの可溶化は原料肉に粘性が出てくることからわかる。可溶化したミオシンは網目構造を形成し，加熱すると糊のように働き，結着性が発現する。保水性とは食肉が保持している水または製造時に添加した水を保持している能力のことである。保水性が低下すると，製品から水分が分離してくる。この結果，うま味がなくなったり，みずみずしさがなくなりパサパサした食感になったりする。

③ 保存性を向上させる

　塩せきをすることで保存効果が高まる。これは塩せき剤に含まれる食塩の水分活性の低下によるものである。水分活性の低下は，食塩により細菌が利用できる水を少なくし，保存性を高める。亜硝酸塩や硝酸塩は細菌の増殖を抑える効果がある。特に，致死率の高い食中毒細菌であるボツリヌス菌の増殖を抑えることが可能である。ボツリヌス菌は毒素を産生する偏性嫌気性の芽胞菌である。食肉を加熱殺菌した後に生き残った芽胞が，保存中に発芽して増殖し，毒素を産生する。亜硝酸塩や硝酸塩は，ボツリヌス菌の芽胞と発芽後の生育を抑制するとされており，食肉製品を原因とする食中毒を防止する上で必要である。

④ 風味の向上

　塩せきをすることで，適度な塩味が付与され，食べやすくなる。大きな肉塊を塩せきする場合は，食塩が内部まで浸透するまでの時間が必要である。

　塩せきすることで，ハム・ソーセージ・ベーコン類の特徴ある風味（Cured meat flavor）が出る。食塩や亜硝酸ナトリウム等の作用，食肉中の酵素の作用や塩せき中に増殖する微生物の働き等により風味が向上すると考えられているが，この風味に関係する成分や生成メカニズムはほとんど明らかにされていない。

(2) 塩せきの方法

　塩せきには図2-3-2のような方法がある。

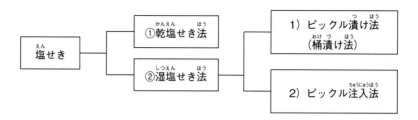

① 乾塩せき法		原料肉に直接塩せき剤をすり込む。
② 湿塩せき法		原料肉を塩せき液（ピックル）に浸漬する。
	1）ピックル漬け法	原料肉を塩せき液（ピックル）に漬け込む。
	2）ピックル注入法	低温の塩せき液（ピックル）を原料肉に直接注入する。

（ピックルとは、食塩、亜硝酸ナトリウム、砂糖、香辛料等を水によく溶かした液である。）

図 2-3-2　塩せきの方法

塩せきの方法は，製品により次のように異なる。

①　ハムの塩せき

ハムの塩せきは次の方法により行う。

1）　乾塩せきによる方法

　　塩せき剤を直接原料肉表表にすり込む方法である。塩せき剤は原料肉表表の水分で溶けて内部に浸透する。塩せき剤の原料肉の中心への浸透に時間がかかるため，長期間の塩せきが必要である。長期熟成の製品や生ハムのような非加熱食肉製品の製造に用いられることが多い。

2）　湿塩せきによる方法

　　塩せき剤を水に溶解したピックルに原料肉に浸漬して塩せきする方法である。乾塩せき法よりも塩せき剤の原料肉への浸透のバラつきが小さく，原料肉全体がピックルに浸されるため，空気に触れることがなく，脂肪が酸化されにくい。乾塩せき法と同様に，原料肉の中心部への塩せき剤の浸透に長時間を要する。また，塩せき容器の上と下でピックルの濃度差が生じるため，塩せき期間中に原料肉の位置の変更とピックルの攪拌が必要である。

3）　ピックル注入による方法

　　多数の注射針を装着した機械（インジェクター）で原料肉にピックルを注入する方法である。塩せき剤を短期間で均一に原料肉内内に浸透させるための方法であり，現在では最も一般的な方法である。ピックル注入後，減圧した容器内で間欠的に攪拌するタンブリングやマッサージを行い，ピックルの浸透を促進する。（図 4-2-2 参照）

② ソーセージの塩せき

　ソーセージの塩せきは次の方法により 行 う。

1) 一般的な塩せきによる方法

　原 料 肉を小片に分割，挽き肉にし，塩せき 剤を加え，攪拌した後，冷蔵庫で塩せきする。

2) カッターキュアリングによる方法

　カッターを用いて細切・混合する際に塩せき 剤を添加し，塩せきする。

3) 無塩せきによる方法

　塩せきする時に発 色 剤を用いない方法である。 食 塩を添加するため，単に塩漬けともいい，塩せきと区別される。

③ ベーコンの塩せき

　ベーコンの塩せきはハムと同じ方法で 行 われる。ベーコンはハムに比べて肉に厚みがないので，塩せき 剤が浸透しやすい。したがって，塩せき期間はハムより 短くてよい。ただし，脂肪層によって塩せき 剤が浸透しにくい場合があるので，注 意が必要である。

④ プレスハムの塩せき

　肉塊はハムと同じ方法で塩せきし，つなぎはソーセージと同じ方法で塩せきする。

【参考】「塩せき」と「塩漬け」の違い：
① 「塩せき」とは食 肉に食 塩，発 色 剤等を混ぜ，低温で保管することをいう。
② 「塩漬け」は発 色 剤を用いず 食 塩等を肉に混ぜ，低温で保管することを意味する。
③ 製造工程が類似する発 色 剤使用製品と区分するために 2 つの用語を使い分けている。

２．配合作 業

(1) 配合の目的

　ハム・ベーコンの製造では原 料 肉，ソーセージの製造では原 料 肉，及び脂肪の使用割合や 状 態，塩せき 剤の種類や使用割合が製品の特性に影 響 する。

　製品の設計・規格に基づき，塩せき後の食 肉や脂肪あるいは 調 味 料，香辛 料，食品添加物等を計 量 して 1 つの作 業単位にまとめ，次の工程の 準 備をすることを「配合」と呼ぶ。

　ハム類及びベーコン類では，塩せき 剤， 調 味 料，香辛 料等を適当に計 量・混合して配合作 業を 行 う。

(2) 配合作業の留意点

配合作業では，次の点に留意する。

① 計量器（図2-3-3参照）が適正使用範囲のものか確認する。

② 計量器が水平を保っているか確認する（水準器の確認）。

③ 計量に使用する容器等は，洗浄されたものを使用する。

④ 計量する原料肉，食品素材，添加物の品質（色，臭い等），異物の付着等を確認する。また，各原材料のうち使用期限のあるものは，期限内であることを確認する。

⑤ 配合表にしたがい，計量器で正確に計る。

⑥ 計量した原料等は区分けを行い，品名等を示し，速やかに配合する。

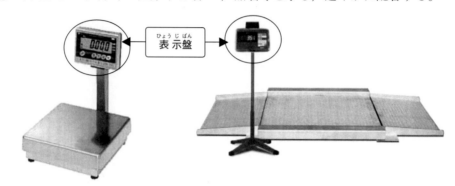

表示盤

・比較的軽いもの（食品添加物，調味料等）を計量する秤

①台秤

・比較的重いもの（原料肉等）を計量する秤
・被計量物を搬送容器（運搬台車等）ごと計量できる

②フロアスケール

図2-3-3　計量器

3. 細切・混合作業

(1) 細切の目的

細切とは，ほそびきソーセージやプレスハムのつなぎ肉を製造する際に原料肉と調味料，香辛料などを混ぜ合わせる作業である。サイレントカッターを使用して行い，高速で回転する刃に繰り返し原料肉などを送り込み，細切・混和する。

(2) 混合の目的

混合とは，あらびきソーセージを製造する際に塩せきした原料肉調味料，香辛料などをミキサーで均一になるまでミキシングすることである。また，プレスハムの肉塊とつなぎを混ぜ合わせることもいう。

【参考】つなぎ肉:
　　つなぎ肉とは，豚のすね肉や家と肉等の結着性の高い肉に食塩・発色剤等を加えながら，カッターで練り上げて非常に細かい滑らかなペースト状に仕上げたものである。

ハムやベーコンは原料肉を塊のまま利用するので，細切・混合の工程はない。

(3) 細切・混合作業上の留意点

① ソーセージの細切・混合

1) サイレントカッターのボウル（受け皿）に赤身と塩せき剤と氷（水）を投入し，高速でカッティングして十分に塩溶性たん白質を引き出す。次に脂肪を投入し，エマルジョンを形成する。

2) カッティングの際に原料肉の温度が上昇する。この時，温度上昇を抑えるために，配合表で定められた量の水（または氷，氷水等）を添加する。温度が上昇しすぎると食肉のたん白質が変性し，良好なエマルジョンが形成されずに脂肪が分離するので注意する。

3) 細切・混合が終了すると，赤肉と脂肪が均一に混合された乳化状態となる。

4) 原料肉中の空気を除くために細切・混合後に脱気する場合が多い。

4. 充てん作業

(1) 充てんの目的

ハム・ソーセージの製造工程では形がくずれるのを防ぎ，製品の形を一定に整える必要がある。そこで，ケーシングと呼ばれる袋状または筒状のものに塩せき肉を詰める。

(2) 充てんの方法

① ハムの充てん（図2-3-4参照）

1) 原料肉を塩せきした後，ケーシングに充てんする。一般には強度のあるファイブラスケーシングやセルロースケーシングが用いられる。

2) ファイブラスケーシングは使用する前に微温湯に浸し，軟らかくしてから使用する。

骨付きハムは充てんしない。また，ファイブラスケーシングの代わりに綿糸やネット，布等を使用して形を整える方法もある。

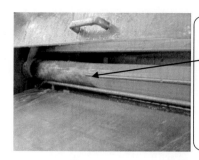

ハムの充てん
・綿布で巻き締めたり，ファイブラスケーシングに
詰めて製品の形を作る。
・太めの糸で原料肉を巻いて形を整える場合もある。
・大きな塊のまま（あるいはブロック）切断して充
てんする。

図2-3-4　ハムの充てん作業（ファイブラスケーシング）

② ソーセージの充てん（図2-3-4参照）

1)　原料肉を塩せき，細切・混合した後，充てん機（スタッファー）を用いてケー
シングに詰める。

天然ケーシングとして用いる小型のソーセージ（ウインナーソーセージ，フラ
ンクフルトソーセージ等）は自動充てん結さつ（ひねり）機を使うことが多い。
コラーゲンケーシングも自動充てん結さつ（ひねり）機を使用して充てんでき
る。

大型のソーセージ（ボロニアソーセージ等）は，ケーシングの片方をあらかじ
め糸またはアルミ合金ワイヤーでクリップしてから充てんする。

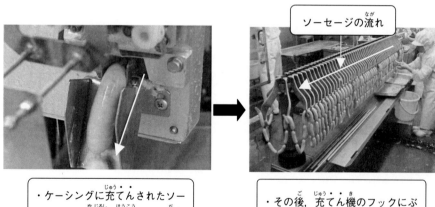

ソーセージの流れ

・ケーシングに充てんされたソー
セージは矢印の方向にはき出さ
れる

・その後，充てん機のフックにぶ
らさげられた状態で，矢印の方
向に運ばれる

図2-3-4　ソーセージの充てん作業

③ プレスハム及びチョップドハムの充てん

1)　ボロニアソーセージと同じようにケーシングの片方をあらかじめ糸またはアル
ミ合金ワイヤーでクリップしてから充てんする。ケーシングは合成樹脂ケーシ

ング（塩化ビリニデン）を使うことが多い。

2) 充てんが終わったプレスハムは，円形や長方形の形に整えるためにステンレス製の容器（リティナー）に入れてから加熱を行う。

【参考】「充てん」：
食肉製品を製造する際にケーシングや型に肉塊や練り肉を満たすこと。

(3) ケーシングの種類

ケーシングには図2-3-5に示すように様々な種類がある。

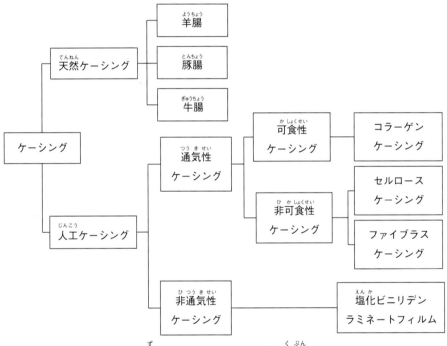

図2-3-5　ケーシングの区分

(4) ケーシングの性質及び用途
① 天然ケーシング（図2-3-6 参照）

　　動物の内臓のうち，主に長さの長い小腸が加工されケーシングとして使用されている。現在日本では羊の小腸から作られる羊腸ケーシングと豚の小腸から作られる豚腸ケーシングが一般的である。

　　日本では，羊腸ケーシングを用いたものはウインナーソーセージ，豚腸ケーシングを用いたものはフランクフルトソーセージ，牛腸ケーシングを用いたものはボロニアソーセージと定義されている。

【参考】天然ケーシングの特徴：

① 通気性があり製品の乾燥ができる。

② くん煙風味，くん煙色を付けることができる。

③ ケーシングも食べることができる（可食性）。

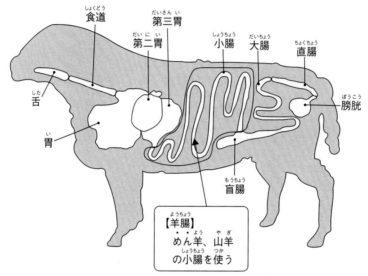

図 2-3-6　天然ケーシングに使用する部位（羊）

② 人工ケーシング（図 2-3-7 参照）

　天然ケーシングと異なり，工業的に製造するケーシングである。人工ケーシングの原料は植物性のセルロースや動物性のコラーゲン，石油化学製品のプラスチックケーシング等がある。プラスチックケーシングは通気性が無いので，微生物汚染を防ぐことができる。

【参考】人工ケーシングの特徴：

① 洗浄，選別の準備が不要である。

② サイズを一定にすることができる。したがって定量・定寸の充てんが可能となる。

③ 取扱いが簡単である。

【参考】ケーシングの加工と用途：

① 　植物性繊維を加工したケーシングは，ハム類，太物ソーセージ（ボロニアソーセージ等）に適している。

② 　セロファンを加工したケーシングは，スキンレスタイプの小型ソーセージに適している。このケーシングは加熱冷却後に除去する。

③ 　牛皮または豚皮のコラーゲンを使用したケーシングは，小型ソーセージ（ウインナーソーセージ，フランクフルト，ドライソーセージ等）に適している。

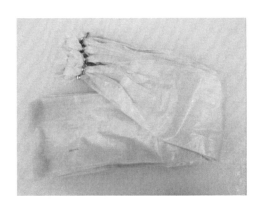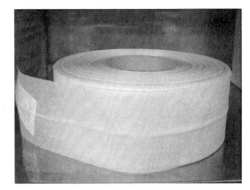

上段：ファイブラスケーシング

下段：コラーゲンケーシング

図2-3-7　代表的な人工ケーシング

5．くん煙作業

　　充てん終了後，乾燥・くん煙及び加熱の工程を経て製品になる。通常，乾燥・くん煙及び加熱は全自動スモークハウスの中で行う。乾燥やくん煙をしない製品もある。

(1) くん煙の目的

くん煙には次のような目的がある。

① くん煙フレーバーを付着させる

くん煙は，木材を不完全燃焼させて発生する煙を用いて製品表表を燻すことである。煙の中には非常に多くの成分が含まれており，これらの成分は臭いを有するものが多いので，製品にくん煙の風味を付与することができる。くん煙の香りをくん煙フレーバー（スモークフレーバー）という。

【参考】くん煙フレーバーの成分：
① くん煙に含まれる成分は，フェノール類，アルコール類，有機酸，カルボニル化合物，炭化水素等である。
② くん煙中の成分はくん煙材の水分，燃焼温度，酸素量によって異なる。

② 保存性を向上させる

くん煙成分に含まれる物質に抗菌作用を示すものがあり，くん煙によって保存性が向上する。保存性を向上させる成分は，フェノール類やホルムアルデヒド，アルコール類等である。これらの成分が肉に付着することで効果を発揮する。

③ くん煙色をつける

くん煙によって製品の表表が褐色化する。この製品表表の褐色化は，くん煙成分に含まれるカルボニル化合物と製品中の遊離アミノ酸のメイラード反応が関与している。

④ 酸化を防止する

くん煙成分の付着によって製品の酸化が防止される。

⑤ 製品表表を固める

くん煙中に，くん煙成分の有機酸が製品表面のたん白質を変性・凝固させて被膜を作る。

(2) くん煙の方法（図2-3-8参照）

くん煙は木材を加熱して煙を発生させ，その煙の成分を製品表面に付着させる。

くん煙が室内に放出されている

図2-3-8　くん煙作業

① くん煙は温度によって，表2-3-1に示すような方法に区分できる。

表2-3-1　くん煙の方法

方　法	温　度
冷くん法	20℃以下
温くん法	30〜45℃
熱くん法	50〜80℃
焙くん法	90℃以上

② 乾燥とくん煙の組合せ

　　製品表表の水分が多くなると，くん煙の効果は弱くなり，着色状態も不均一になる。また，乾燥しすぎると煙の揮発性成分が製品表面に付着しにくくなり，色も薄くなる。そこで，乾燥とくん煙を適切に組み合わせることによって，よい製品を作ることができる。製品別に最適な乾燥とくん煙の温度と時間の関係を示したのが，表2-3-2である。

表2-3-2 乾燥・くん煙の標準的温度及び時間の関係

製品名	乾燥		くん煙	
	温度	時間	温度	時間
骨付きハム	15〜20℃	2〜3日	15〜20℃	2〜3日
	55〜60℃	2〜3時間	65〜70℃	6〜10時間
ボンレスハム及びロースハム	55〜60℃	0.5〜2時間	60〜65℃	0.5〜2時間
ラックスハム	15〜20℃	2〜3日	15〜20℃	1〜7日
生ハム	15〜20℃	0.5〜1日	15〜20℃	2〜3日
	50〜60℃	2〜3時間	50〜60℃	3〜6時間
ウインナーソーセージ	55〜60℃	20〜60分	55〜65℃	5〜30分
フランクフルトソーセージ	55〜60℃	30〜60分	55〜65℃	5〜30分
ボロニアソーセージ	55〜60℃	0.5〜2時間	60〜65℃	0.5〜2時間
ドライソーセージ	50〜60℃	1〜2時間	55〜75℃	0.5〜2時間
ベーコン	50〜60℃	0.5〜2時間	60〜65℃	0.5〜3時間（直火型では10〜18時間）

6. 加熱作業

乾燥・くん煙作業が終了すると，湯や蒸気等による加熱作業を行う。

(1) 加熱の目的

加熱には次のような目的がある。

① 微生物を殺菌する

加熱は食肉製品の安全性を確保する工程である。適切な加熱処理を行えば，食中毒細菌を含む微生物を死滅することができる。

② 肉色を安定させる

加熱によって肉色が桃赤色に固定される。

③ 酵素活性を抑える

酵素活性が残ると製品が早く変質する。そこで，加熱することにより酵素の活性を抑え，製品の変質を遅らせる。

④ たん白質を加熱変性させる

加熱により，食肉中のたん白質が変性し，加熱凝固する。これにより製品に適

度な弾力が生まれる。

⑤ **風味を向上させる**
　加熱によって風味効果が高まる。また，アミノ酸と糖類のメイラード反応や亜硝酸塩を加えて加熱することで，新たに風味が醸成される。

(2) **加熱の方法**
① 加熱は**表2-3-3**に示すような方法に区分できる。

表2-3-3　加熱の方法

名　称	方　法
湯煮法	熱湯室（70～80℃）に製品を入れ，中心温度が70～75℃の状態で加熱を終了する。（図2-3-9）
蒸煮法	スモークハウス内でのくん煙・乾燥工程に続けて70～80℃の蒸気で殺菌を行う。
焙焼法	オーブン等で製品表表にこげ目が付く程度まで焼き上げる。

製品を網カゴ等に入れ、湯槽内で加熱する

蒸気供給配管

蒸気供給量コントロール用バルブ

図2-3-9　加熱作業（湯煮法）

② **製品による加熱の違い**

1) **ハムの加熱**
　製品の中心温度を63℃で30分間加熱する方法またはこれと同等以上の効力を有する方法で加熱をするが，温度が高すぎると肉質が硬くなることがある。

2) **ソーセージの加熱**
　製品の形態や特徴により湯煮や蒸煮の方法が選ばれる。

製品の中心温度を63℃で30分間加熱する方法またはこれと同等以上の効力を有する方法で加熱する。また，魚肉を含む製品で気密性の容器包装に充てんした製品は，80℃で20分加熱する方法またはこれと同等以上の効力を有する方法で加熱することが食品衛生法で定められている。

3) ベーコンの加熱

製品の中心温度が少なくとも63℃で30分と同等以上になるまで処理するが，湯煮や蒸煮による加熱は行わず，乾燥を伴うような湿度を調節した加熱処理を行う。

7．冷却作業

加熱処理した製品は，品質保持と微生物の増殖を防ぐために，加熱終了後速やかに冷蔵庫内で冷却する。冷却工程では製品冷却庫の温度や冷却の早さ，最終製品の温度，冷蔵庫の清掃・清潔状態を維持することが重要である。

(1) 冷却の目的

冷却には次のような目的がある。

① 耐熱性細菌の増殖を防止する

製品を加熱後冷却しなかったり，冷却速度が遅かったりすると，製品内の細菌が増殖しやすい。そこで製品を速やかに冷却することによって細菌の増殖を防止することができる。食品衛生法では，特定加熱食肉製品の製造基準で冷却の条件を定めている。

② 製品の安定化を図る

加熱後速やかに製品の中心部まで十分に冷却することで，製品に適度なしまりを与え，包装後の水分の分離を防止することができる。これは，加熱によってたん白質と結合した水や脂が十分な冷却により遊離しにくくなるからである。

(2) 冷却の方法

冷却の方法は製品によって次のように異なる。

① ハムの冷却

比較的大型の製品が多いため，中心温度が低下するまでにかなりの時間を要する。冷蔵庫内で冷却する前に放冷するとよい。

② ソーセージの冷却

小型のソーセージ（ウインナーソーセージ，フランクフルトソーセージ等）は，

加熱終了後すぐに温度の低い冷蔵庫に入れると，表表にしわが発生する。しわが発生すると商品価値がなくなるので，これを防ぐ方法として，加熱終了後すぐに冷水シャワーを行う。スモークハウス内にシャワー設備を設置する等して冷却する方法がとられている。

大型のソーセージ（ボロニアソーセージ等）は，ハムと同じように，冷蔵庫で冷却する前に放冷する。

③ ベーコンの冷却

ベーコンはハムに比べて製品に厚みがないので，冷却に要する時間はハムより短い。ハム類と同様に冷却庫内で冷却する前に放冷する。

8. 包装作業

食品の流通や保管，品質の保持や形状の保護のためには，製品を包装する必要がある。包装は消費者が直接見て手にとるため，デザイン，表示等の情報も重要になる。また，包装には簡便性，環境に配慮した設計も必要である。

(1) 包装の目的

包装には次のような目的がある。

① 品質保全及び安全性を高める
内容物の品質を保全し，安全性・衛生性を確保する。

② 生産適合性を高める
内容物の取扱いを容易にする。

③ 販売を促進する
内容品の販売促進（注目性・差別化）をする。

④ 物流面からみた経済性機能を高める
物流トータルコストを低減する。

⑤ 情報提供機能を高める
生産者，内容品等に関する様々な情報の表示を行う。

⑥ 利便性を高める
使いやすく，取扱いが簡単である。

⑦ 社会適応性を高める
環境問題に対応している。

(2) 包装の方法

食品の包装は，直接製品に触れる一次包装と，品質保持，保存性，品質表示等のために使用される二次包装に分けることができる。ハム等の包装ではケーシングによる充てんが一次包装にあたる。二次包装には，ハム等の含気包装，ガス置換包装，真空包装等がある。ハム類，ベーコン類等の大きな製品はそのままで真空包装する。小型の製品（ウインナーソーセージ，フランクフルトソーセージ等）は，1本1本切り離した後，ガス置換包装や真空包装することが多い。

プレスハムやボロニアソーセージ等，合成樹脂の塩化ビニリデンケーシングに充てんして製造する製品では，ケーシングが包装を兼ねている。これらは「直詰め包装」とも呼ばれる。

① 包装の形態と特徴 （表2-3-4参照）

表2-3-4　包装形態と特徴

包装形態	特徴	製品
含気包装	・二次汚染を防ぐ程度の簡易包装 ・製袋された包材に製品を入れ，熱シールする。 ・トレイや脱酸素剤と併用される場合が多い。	・業務用のスライスパック ・ビーフジャーキー等少量包装製品
ガス置換包装	・広義の含気包装の1タイプである。 ・包装内部を窒素ガス単独または窒素ガスと炭酸ガスの混合気で空気と入れ替える。 ・ガスと水蒸気の遮断性（バリアー性）に優れる。	・ウインナーソーセージ ・フランクフルトソーセージ
深絞り（真空）包装 スキンパック包装	・真空包装に使用する包装材は，空気の透過性が低いこと，防湿性が高いこと，熱接着性がよいこと，耐寒性に優れていること等があげられる。 ・真空包装用のフィルムの中には透明性が低く，製品の色が見えにくいものもある。 ・深絞り包装では，ガス置換のタイプもある。 ・スキンパック包装は，スライス製品をフィルムに密着させて包装する。	・スライスのハム類 ・スライスベーコン
真空後収縮包装 （シュリンク包装）	・包装後，熱湯中で収縮する。 ・ブロックに切断した製品の包装等に使用する。	・ロースハム ・ボロニアソーセージ ・サラミソーセージ

② **包装材料を選ぶ際の留意点**

　食品の包装に使用される包装材料のほとんどは，プラスチック製である。プラスチックには様々な機能があるが，包装材料を選ぶ場合，特に次の点を考慮する。

1) 酸素遮断性（酸素バリア性）

　酸素の透過を防ぐ。製品の退色，変質及び脂肪の酸化を防ぐ。

2) 遮光性

　紫外線の透過を防ぐ。製品の退色，変質及び脂肪の酸化を防ぐ。

3) 耐熱性

　加熱しても変形・変質しない。加熱調理やレトルト殺菌に耐える。

4) 成型性

　熱で成型できる。

5) 熱収縮性

　熱で収縮する。

6) 熱接着性

　加熱すると溶けて，冷却すると固化接着する。シール面に使用する。

③ **包装材料の種類**

　包装材料としては，単一素材のフィルムよりも2種類以上の素材を張り合わせたラミネートフィルムが使われる。包装に用いられる一般的なフィルムを表2-3-5に示す。

表2-3-5　包装材料の主な種類

略号	材質名	特徴
LLDPE	直鎖状低密度ポリエチレン	一般にシーラントとして用いられる樹脂で臭いが少ない。
KNY	ポリ塩化ビニリデンコート 二軸延伸ナイロン	ONYの片面にポリ塩化ビニリデンをコートしたものでガスバリア性，耐衝撃性，耐ピンホール性に特徴がある。
PET	ポリエチレンテレフタレート （APET及びPETG）	二軸延伸されており，強靭さ，耐熱性，耐寒性，香気保存性があり深絞り底材に用いられる。
EVOH	エチレン-ビニルアルコール 共重合体	乾燥状態ではプラスチック中，最もガス遮断性に優れているが，水分に弱い欠点がある。
PA (ONY)	ポリアミド（ナイロン） 二軸延伸ナイロン	一般的に融点が200℃以上あり耐熱性が高く耐衝撃強度に優れる。
CPP	未延伸ポリプロピレンフィルム	耐熱性が高く，レトルト用シーラントに用いられる。

(3) 包装作業上の留意点

　　包装作業で留意するポイントは，大きく以下の3つにまとめることができる。

① 製品に細菌が付着することを防ぐ

　　1) 作業者は手や指を洗い，消毒してから作業する。

　　2) 作業者は素手で製品を取り扱わない。

　　3) 包装作業に用いる機械・器具・容器類は使用前後に十分洗浄・殺菌する。

② 製品に生残する細菌の増殖を防ぐ

　　1) 製品の温度管理を徹底する。

　　2) 包装作業は迅速に行う。

　　3) 製品は衛生的に保管する。

③ 異物の混入に注意し，形や色の不良品を取り除く

　　1) 包装作業に用いる機械・器具・容器類は適切な材質のものを使用する。

　　2) 破損している機械・器具・容器類は使用しない。

9．製造工程における微生物相の変化

　　食肉製品を製造する上で，微生物の性状を理解して，各工程における製造条件や衛生管理基準を決める必要がある。原料肉の受入，整形，充填，保管工程では温度上昇に伴い微生物が増殖することから，低温管理を行う必要がある。

　　塩せき工程では食塩や発色剤の添加により細菌の増殖が抑制され，特に亜硝酸塩はボツリヌス菌の増殖，毒素産生を抑制する。

　　くん煙工程では，煙に含まれる抗菌成分によって微生物が制御される。

　　加熱工程では食品衛生法で定める製品中心部を63℃で30分間もしくはこれと同等以上の条件で加熱を行っており，食中毒細菌であるサルモネラ属菌，黄色ブドウ球菌，大腸菌，腸管出血性大腸菌O-157，リステリア・モノサイトゲネス，腸炎ビブリオ，バチルス属の栄養細胞はほぼ滅菌できる。加熱によって製品内部が嫌気状態となるのでクロストリジウム属菌の増殖が懸念されるが，速やかに冷却し，冷蔵することによって抑制される。

　　製品保管は食品衛生法で10℃以下と定められている

第2章　確認問題

以下の問題について，正しい場合は○，間違っている場合は×で解答しなさい。

1. プレスハムの製造工程は他のハム・ソーセージ・ベーコン類とほぼ同じであるが，つなぎと肉塊を混ぜ合わせる工程が加わるのが特徴である。

2. 食用として利用される家畜の筋肉は骨格筋だけで，平滑筋である内臓は利用されない。

3. 豚のももは，うちもも，しんたま，そともも及びともすねから構成される。

4. 塩せきの目的は，肉色の固定，結着性・保水性の向上，保存性の向上，風味の向上である。

5. セルロースケーシングは，可食性ケーシングに区分される。

6. くん煙の方法は，くん煙する温度の違いにより，温くん法，熱くん法及び焙くん法の3つに区分できる。

7. 加熱には，微生物を殺菌する以外に，肉色の固定やたん白質の変性による適度な弾力，風味の向上等の目的がある。

8. 加熱処理したウインナーソーセージの冷却は，微生物の増殖を防止するのが目的であるため，加熱終了後直ちに冷蔵庫に入れて冷却するとよい。

第 2 章　確認問題の解答と解説

1．○

2．×（理由：心臓以外の内臓は平滑筋でできているが，内蔵も食用として利用される。）

3．○

4．○

5．×（理由：セルロースケーシングは，非可食性ケーシングに区分される。）

6．×（理由：冷くん法が抜けている。冷くん法，温くん法，熱くん法及び焙くん法の4
つの方法に区分される。）

7．○

8．×（理由：加熱処理した製品は，一般的には微生物の増殖を防ぐために，加熱終了
後速やかに冷蔵庫内で冷却する。しかし，小型のソーセージ（ウインナー
ソーセージ，フランクフルトソーセージ等）は，加熱終了後すぐに温度の
低い冷蔵庫に入れると，表表にしわが発生する。しわが発生すると商品価
値がなくなるので，これを防ぐ方法として，加熱終了後すぐに冷水シャワー
を行う。）

第3章　ハム・ソーセージ・ベーコン用原料肉の取扱い

　ハム・ソーセージ・ベーコンを製造するには，製造工程で使用する原材料の性質を正しく理解する必要がある。本章は，ハム・ソーセージ・ベーコンに用いる原材料の種類，取扱い等に関する専門知識・技能を修得することを目標としている。

第1節　ハム・ソーセージ・ベーコン用原料肉の種類

　ハム，ベーコンの製造には豚肉を用いる。一方ソーセージの製造には豚肉の他，牛肉，めん羊肉及び馬肉を使用し，さらに家兎肉及び家きん肉（鶏肉）も使用する。

1.　豚肉

　豚肉には次のような特徴がある。
① 　食肉の色の濃さは中程度。
② 　肉質が軟らかい。筋肉が大きいため，加工に適している。
③ 　牛肉に比べ，品種や部位による差が小さい。
④ 　食塩の添加により，保水性及び結着性が高まる。
⑤ 　風味はくせがなく，美味である。
　豚肉は精肉用や加工用ともに広く利用される。特に，各種ハム・ソーセージ・ベーコン等の食肉加工品用原料肉として欠かすことができない
　豚は世界各国で多くの品種が生産されている。豚の代表的な種類と特徴を示すと表3-1-1のようになる。（図3-1-1参照）

表3-1-1　豚の品種と特徴

品　種		特　徴
① 大ヨークシャー	◎	・わき腹が長い。
② 中ヨークシャー	○	・頭頸部が軽い。　　食肉加工に適す。
③ ランドレース	◎	・脂肪割合が少なくて肉量が多い。
④ バークシャー	○	バークシャー純粋種は毛の色が黒いことから「黒豚」とも呼ばれ，人気がある。
⑤ ハンプシャー		
⑥ デュロック	◎	

〔日本で生産されている豚は「◎」印の豚の三元交雑豚が最も多く，「○」印の豚と続いている。〕

① 大ヨークシャー（雄）（イギリス原産）

② 中ヨークシャー（雄）（イギリス原産）

③ ランドレース（雄）（デンマーク原産）

④ バークシャー（雄）（イギリス原産）

⑤ ハンプシャー（雌）（アメリカ原産）

⑥ デュロック（雄）（アメリカ原産）

図 3-1-1　主な豚の種類
（提 供：独立 行 政法人家畜改 良 センター）

【参考】SPF：

1. **SPF（Specific Pathogen Free：特定 病 原体がない）とは：**

　　豚の慢性疾病を排除し，健康な豚を飼育することによって経営を安定させることを目的として開発された。日本 SPF 豚 協 会が定める 病気（オーエスキー 病，萎 縮 性鼻炎，豚マイコプラズマ肺炎，豚赤痢，トキソプラズマ 病）のない豚を SPF 豚という。

2. **SPF 豚の生産方法：**

・重 大 な疾病のないことが確認された母豚から帝王切開法や子 宮 切断法によって生まれ，離 乳 まで母 乳 を与えられることなく殺菌人工乳 で育ち，常に高度な衛生管理が 整 った環 境 で生育した豚をプライマリー豚とする。

・整 った衛生環 境 においてプライマリー豚をもとに生産，飼養した次世代以降をセカンダリー豚とする。

・農 場 は多様な遺伝形質を有し，優 良 形質を選抜するための素材となる原々種豚群の

GGP（Great grandparent stock）と GGP から選抜生産された優良遺伝形質を有する原種豚群の GP（Grandparent stock）から構成され，GP の生産及び出荷を中心に行っている種豚育種改良増殖農場（GGP 農場），GGP 農場から GP を導入して PS（GP から生産もしくは選抜生産された肥育豚生産種豚群）の生産及び出荷を中心に行っている GP 農場がある。その他，主に消費者向けに豚肉を供給するコマーシャル農場がある。

2. 牛肉

牛肉には次のような特徴がある。

① 豚肉に比べて色素タンパク質であるミオグロビン含量が高く，肉色は赤色が強い。

② よく肥育された肉牛では，筋肉内にまで脂肪が沈着し，いわゆる「霜降り肉」が得られる。

③ 部位により肉質の硬さに差があるが，全体的に硬い。

④ 牛肉は主に精肉として利用されるが，加工用としてローストビーフや，乾燥すると独特の食感や風味が出ることからサラミソーセージやジャーキーの原料肉として利用されている。

牛は肉用種，乳用種及び役用種に分かれる。牛の代表的な種類と特徴を示すと表 3-1-2 のようになる。（図 3-1-2 参照）

表 3-1-2　牛の種類と特徴

用途	種類	特徴
肉用種	〔外国種〕 　ヘレフォード，アバディーン・アンガス，ショートホーン 〔和牛〕 黒毛和種，褐毛和種，日本短角種，無角和種	・和牛は霜降り肉になりやすいので，高価である。主にテーブルミートとして利用される。
乳用種	ホルスタイン，ジャージー	・産乳能力が低下した乳用種は乳廃牛として食用にまわされる。 ・雄の多くは去勢されて食肉用に肥育される。

①ヘレフォード（雌）

②アバディーン・アンガス（雌）

③黒毛和種（雌）

④褐毛和種（雌）

⑤ホルスタイン（雌）

⑥ジャジー（雌）

図3-1-2　主な牛の種類
（提供：独立行政法人家畜改良センター）

3.　めん羊肉（マトン・ラム）

めん羊肉には次のような特徴がある。

① 肉色は濃い。
② 肉質は豚肉より硬く，特有の臭いがある。
③ 比較的結着性がよい。
④ マトンは豚肉よりも肉質がやや硬く，肉色が濃く，羊特有の臭みがある。
⑤ 加工用原料肉としてはラムよりも安価なマトンがプレスハムやソーセージの原料として利用されていた時代があったが，最近では少なくなった。

　成長しためん羊肉を「マトン」，子羊の肉を「ラム」と呼ぶ。日本で利用するめん羊肉のほとんどはオーストラリア及びニュージーランドからの輸入品である。（図3-1-3参照）

図3-1-3　羊　サフォーク（雄）
（提供：独立行政法人家畜改良センター）

4. 馬肉

馬肉には次のような特徴がある。

① 肉色は濃く，暗茶色。年齢が高いものほど肉色が濃い。
② 甘みがあり，たん白質含量が高い。他の食肉に比べ，グリコーゲンを多量に含む。
③ 結合組織がよく発達しているため，肉のきめが粗く，肉質が硬い。
④ 風味にくせがなく，かつてはドライソーセージ等に利用されていたが，最近は少くなった。（図3-1-4参照）

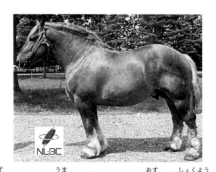

図3-1-4　馬　ブルトン（雄）（食用）
（提供：独立行政法人家畜改良センター）

5. 家兎肉

家兎肉には次のような特徴がある。

① 肉色は薄桃色。
② 線維は繊細・微密である。
③ 結着性が強，加工に向く。
④ 味は鶏肉と同じように淡白である。

⑤ 脂肪は白色のものが多く，比較的硬い。

　結着性に優れている特性から加工用原料。特にプレスハムのつなぎ肉として多用された。しかし近年は，使用する機会は殆どなくなっている。

6. 家きん肉

　家きんとは，食肉や卵の生産目的で飼育される鳥の総称である。家きん肉の中で加工用原料に最も利用されるのが鶏肉である。鶏肉には次のような特徴がある。

① 肉色が淡い。
② 味は淡白でくせが少ない。
③ 価格が比較的安い。

　鶏肉は結着力が劣るので，ソーセージ加工用原料肉としては本来不向きである。しかし，食肉処理及び流通の低温管理技術が発達・普及したことにより，鮮度のよい，加工に適した鶏肉の流通が可能になった。また，消費者は脂肪の少ない，味が淡白な鶏肉を嗜好する傾向があるので，食肉加工品への利用が増加している。鶏の代表的な種類と特徴を示すと表3-1-3のようになる。（図3-1-5参照）

表3-1-3　鶏の種類と特徴

種類	特徴
ブロイラー	・白色コーニッシュと白色プリマスロックの交雑種が主流。 ・現在日本で最も多く飼育されている。 ・約2ヶ月で若鶏に成長する。
地鶏	・名古屋コーチン，さつま地鶏，比内地鶏などがある。 ・日本の在来種。 ・特色JAS規格ではひな鶏，飼育期間，飼育方法，飼育密度が定められている。

①ブロイラー（コーニッシュ）　　　②さつま地鶏　　　③名古屋コーチン

図 3-1-5　主な鶏の種類
（①　提供：独立行政法人家畜改良センター）
（②　提供：鹿児島県地鶏振興協議会）
（③　提供：独立行政法人家畜改良センター）

鶏肉は表 3-1-4 のように分類できる。

表 3-1-4　鶏肉の分類

分類	主品目	副品目
丸どり	丸どり	ささみ及びささみ（すじなし）
骨つき肉	手羽類（手羽もと，手羽さき及び手羽なか）	すなぎも及びすなぎも（すじなし）
	むね類（骨付きむね及び骨付きむね肉）	きも及びきも（血ぬき）
	もも類（骨付きもも，骨付きうわもも及び骨付きしたもも）	かわ
正肉類	むね肉及び特性むね肉	あぶら
	もも肉及び特性もも肉	がら
	正肉（むね肉ともも肉を合わせたもの）及び特性正肉（特性むね肉と特性もも肉を合わせたもの）	こにく

第2節 ハム・ソーセージ・ベーコン用原料肉に生じる現象

1. PSE（Pale, Soft, Exudative：ふけ肉, むれ肉）

　PSE とは，死後硬直と急激な pH 低下が複合して起こるたんぱく質の変性によるものであり，保水・結着性の劣る加工に適さない肉をいう。豚肉は PSE が発生しやすく，PSE が発生しやすい部分は，胸最長筋（ロース），半腱様筋（もも）及びその他放熱しにくい深部である。PSE 肉は次の理由により食肉として適さない。

① 肉色が淡い（Pale）
② 肉質が軟らかく，しまりがない（Soft）
③ 肉汁が出やすい（Exudative）
④ 結着性が悪い

【参考】PSE の発生する原因：

1. と畜前

① 豚ストレス症候群
② と畜する時の過度のストレス

2. と畜後

① 解体に時間がかかりすぎる
② 枝肉の放冷が悪い（と体温度が高い）
③ pH の急激な低下
④ 不規則で急激な死後硬直

---

2. DFD（Dark, Firm, Dry）

　DFD とは，最終 pH が高く，保水性はよいが，微生物が増殖しやすいので微生物により汚染しやすい加工に適さない肉をいう。牛肉は DFD が発生しやすい。DFD が発生した肉は，次のような性質を持つ。

① 肉色が濃い（Dark）
② 肉質が硬い（Firm）
③ 乾燥している（Dry）
④ pH が異常に高い（約6.0前後）

【参考】DFD の発生する原因：

　1．と畜前
　　　と畜する時の過度のストレス
　2．と畜後
　　　解糖異常（pH がまだ高いうちに筋肉中のグリコーゲンが完全に消失し，解糖が停止する）

3．水豚

　脂肪が軟らかく，肉のしまりが悪いものをいう。オレイン酸含量は正常な豚脂肪と差異はないが，パルミチン酸，ステアリン酸の含量が少なく，リノール酸，リノレン酸が多い。すなわち，不飽和脂肪酸の含量が高く，融点が低い。豚脂は本来無色透明で冷却によって固体化し白色を呈するもので，良質の脂肪は融点が高く，飽和脂肪酸が多いとされている。

4．黄豚

　背中の脂肪や腎臓の周囲の脂肪，筋肉間脂肪が，黄色く異臭のある豚肉のこと。さなぎ粕や魚のアラを飼料に過剰に加えて与えると，これらの油脂中に含まれる多価不飽和脂肪酸が体内に蓄積し酸化されて，脂肪が黄色になる。

5．シミ（血斑，スポット）

　と畜解体後に健康な牛・豚の筋肉にスポットと呼ばれる多発性の出血斑をみることがある。これは，と殺時の失神などの強い衝撃により末梢血管が壊れて血液が筋肉内に流出するために生じたものである。原因としては遺伝的形質，輸送・追込み等によるストレス，放血時の神経刺激による影響などが推測される。対策としてと殺前にストレスを与えないこと，失神から放血まで迅速に行うことが有効とされている。

6．死後硬直（と畜後の筋肉の変化）

　死後硬直は筋肉の死後変化の中では最も著しい。ATP（Adenosine Tri Phosphate）の消費と供給の平衡が保持されている間は死後硬直が起こらないが，ATP 濃度の低下に伴い硬直が起こり始め，硬直が完了した時点で ATP は消失する。また，解糖作用による乳酸の蓄積などのために，pH が7.0付近から5.5付近まで低下する。と畜直後の筋肉は弛緩状態にあり，軟らかい。その後，ATP が消失して筋

― 91 ―

肉が硬直した段階では，すべてのミオシンがアクチンと結合したアクトミオシン複合体を形成し，非常に硬い筋肉になる。また硬直時の筋肉では，pHが筋たん白質の等電点付近にあるため保水性が悪く，調理時でのドリップの漏出が多く食肉としては不適当である。筋肉が死後硬直に至るまでの時間は，動物種，栄養状態，疲労の程度やと殺前後の環境温度などに影響され，グリコーゲンやクレアチンリン酸のようなATP再生源の蓄積量の多い個体ほど，硬直開始期が遅くなる。一般的な硬直開始期までの時間は，牛で24時間，豚で12時間，鶏では2時間程度であることが示されている。

【参考】硬直の現象：

① 硬直までの時間は，牛で24時間，豚で12時間，鶏では2時間程度である。
② と畜直後の筋肉のpHは7.0付近であるが，時間の経過とともに乳酸が蓄積され，最終的にはpH5.5付近まで下がる。
③ 硬直した筋肉は酸性で保水性が悪く，食肉には適していない。

---

7. 熟成

　死後硬直は永久に続く現象ではなく，低温で筋肉を貯蔵しておくと，筋肉は再度軟らかくなり，保水性も増し，風味も改善される。このような過程を熟成と呼んでいる。
　食肉にとって熟成は必須であり，熟成によって初めて筋肉は食肉へと変換される。
　食肉の軟化は，死後硬直後徐々に進行することから，解硬と呼ばれている。熟成に要する期間は種々の要因に左右されるが，一般に牛で8～10日間，豚で4～6日間，鶏では半日～1日とされている。熟成した食肉が軟らかく感じるのはヒトの咀嚼という物理的な力に対する抵抗性を失うためであり，筋組織が脆弱化することを意味している。熟成に伴う筋肉の軟化の原因として筋原線維の脆弱化，たん白質分解酵素の作用，結合組織の変化などが考えられている。筋原線維の脆弱化に関しては，筋原線維の収縮成分と弾性成分が脆弱になるという変化が食肉の軟化の主要因子であると考えられている。そして，軟化に直接的に関与する筋原線維構造の変化として，アクチンとミオシン間の結合の脆弱化，Z線の脆弱化（筋原線維の小片化），タイチンの網目構造の脆弱化，ネブリンフィラメントの断片化が挙げられている。
　一方，結合組織のたん白質も食肉の熟成に伴い脆弱化する。筋内膜や筋周膜が脆くなって引き裂きやすくなることやコラーゲン線維の架橋構造が酵素によって分解する。
　熟成することによって食肉の風味が改善されるのは，ATPの分解産物である核酸

関連物質およびたん白質の分解産物であるペプチドやアミノ酸が生成されることによるものである。ATP は死後硬直の段階で IMP（Inosine Mono Phosphate：イノシン酸），イノシンに分解され，最終的にはヒポキサンチンとリボースとなる。また，筋肉内の自己消化においてカテプシンやカルパインなどのたん白質分解酵素の作用によって呈味性ペプチド，アミノ酸を生じる

【参考】 熟成の現象：
① 死後硬直後の筋肉を低温で貯蔵すると，軟らかく，おいしい食肉になる。
② 熟成にかかる日数は，牛で8〜10日間，豚で4〜6日間，鶏で半日〜1日である。実際は豚肉と鶏肉は流通と販売までの時間が熟成期間となっている。
③ 熟成によって筋原線維と結合組織が変化し，食肉は軟らかくなり，保水性，風味も向上する。

第3節　ハム・ソーセージ・ベーコン用原料肉の保存と解凍

1. 原料肉の保存

　　原料肉の保存は，期間（時間）により方法が異なり，短期は冷蔵，長期は凍結によって行うのが一般的である。原料肉は保存中であっても変質するが，変質の原因は微生物の増殖，原料肉中の酵素の働き，空気による酸化（接触面）等である。

(1) 冷蔵

　　一般に，原料肉の冷蔵温度は−1〜3℃である。この冷蔵温度でも，微生物や肉中の酵素の働きは充分に抑制できない。また，酸化も防ぐことができないため，長期の保存は難しい。

(2) 冷凍・凍結

　　冷凍は微生物や酵素の働きをほとんど抑え，酸化のスピードもかなり抑えることができる。食品衛生法では，冷凍食肉の基準を−15℃以下と定めている。食肉は−2℃以下になると氷結晶を作り始める。形成する氷結晶の大きさは肉質に影響を与えることから，凍結の温度，スピードには注意が必要である

① 緩慢凍結

　　食肉をゆっくり凍結させると氷結晶が大きくなるので，食肉組織の構造に物理的損傷を与え，解凍後の肉質は悪くなる。また，解凍時のドリップは多くなる。

② 急速凍結

　　食肉を急速に凍結させると氷結晶が小さいので，肉質の変化は小さい。凍結は図3-3-1に示すように，−5〜−1℃の温度帯（最大氷結晶生成帯）を短時間で通過させて行うとよい。

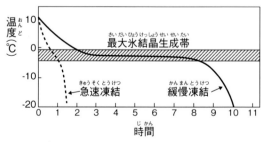

図3-3-1　緩慢凍結と急速凍結

【参考】「冷凍焼け」とは：
① 原料肉を冷凍貯蔵した際，乾燥して目減りし，表面が乾燥し肉色が褐色になる現象がある。これは肉表面の乾燥により肉色が濃く見えるためで，一般的に「冷凍焼け」と呼ばれる。

② 冷凍中の食肉の氷結晶が直接気体に変化し，昇華する現象。凍結肉の氷結晶が昇華した部分は孔を作り，空気との接触が食肉の内部まで拡大し，凍結肉が多孔質となる。

2. 凍結原料肉の解凍

　冷凍の原料肉はまず解凍しなければならない。解凍には，空気方式，流水方式，水蒸気方式及び電気方式の4つの方法がある。

(1) 空気による方法

　凍結原料肉をおおよそ一晩かけて自然に解凍する方法である。

(2) 流水による方法

　食品衛生法で定める製造用水を用いて流水で解凍する方法である。水は伝熱効率がよいので，空気による方法よりも速く解凍できる。

(3) 水蒸気による方法

　低い温度でコントロールされた蒸気を発生させた室内に凍結原料肉を置いて解凍する方法である。原料肉表面で蒸気が凝縮して結露するときの熱を用いるため，比較的低温でも短い時間で解凍ができる。

(4) 電気による方法

　凍結原料の内部から誘電加熱する方法である。他の方法に比べ極めて短時間で解凍できるという利点がある。使用する周波数によって高周波解凍やマイクロ波解凍に分類できるが，何れも凍結原料肉が発熱体となる特徴をもつ。凍結原料肉に照射することによって，原料肉中の水分子が活発に振動して原料肉内部の温度が上がることによるものである。他の解凍方法と比較して解凍時間が短い，ドリップが少ない等の長所があるが，熱暴走を起こし極端に強く加熱される部分が生じる場合もある。

第4節 ハム・ソーセージ・ベーコン用原料肉の取引規格と流通

1. 原料肉の取引規格及び格付け

原料肉はその種類によって次のように格付けされる。

(1) 豚肉

① 豚枝肉

表3-4-1 豚枝肉の格付け

規格区分	格付け
取引規格	枝肉の重量, 背脂肪の厚さの範囲, 外観 (均称, 肉づき, 脂肪付着, 仕上げ), 肉質 (肉の締まり, きめ, 肉の色沢, 脂肪の色沢と質, 脂肪の沈着)
等級	質の高い順に「極上」,「上」,「中」,「並」,「等外」

② 豚部分肉

表3-4-2 豚部分肉の格付け

規格区分	格付け
肉質	肉の締まり, きめ, 肉及び脂肪の色沢, 質が「よいもの」,「難があるもの」
重量区分	小さい順に「S」,「M」,「L」

(2) 牛肉

① 牛枝肉

表3-4-3 牛枝肉の格付け

規格区分	格付け
歩留等級	A, B, Cランク
肉質等級	「脂肪交雑」,「肉の色沢」,「肉の締まり, きめ」,「脂肪の色沢と質」を5等級に格付け評価する。

(例:最上級品は「A-5」となる。)

② 牛部分肉

表3-4-4　牛部分肉の格付

規格区分	格付け
肉質	「脂肪交雑」,「肉の色沢」,「肉の締まり, きめ」,「脂肪の色沢と質」を5等級に格付け評価する。
重量区分	小さい順に「S」,「M」,「L」

2. 流通
(1) 流通形態
原料肉となる食肉は次の流通過程を経る。
① 国産豚肉の主な流通経路

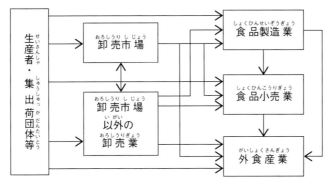

図3-4-1　流通形態(1)

② 輸入豚肉の主な流通経路

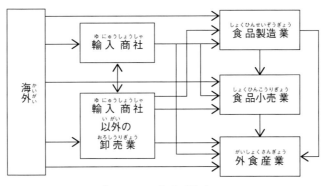

図3-4-2　流通形態(2)

(2) 流通手段

　食肉製品の流通は，冷蔵・冷凍車を使って製造工場から配送センターや小売業の各店舗へ直接搬送される。食肉製品の品質を下げないために，冷蔵庫・冷凍庫の整備，配送車の温度管理等が重要となる。

第5節　ハム・ソーセージ・ベーコン用副原料の種類

　ハム・ソーセージ・ベーコン製造には，原料肉以外にも多くの材料を使用する。その
いくつかを次に述べる。

1．調味料

　食品の味付けに用いられる物質（食塩，砂糖，酢，みそ，しょうゆ等）を総称して
調味料と呼ぶ。ハム・ソーセージ・ベーコン製造に用いられる主な調味料は食塩で
塩せきの工程で加えられることが多い。砂糖やブドウ糖のような糖類，うま味を補う
各種のエキス類やたん白加水分解物等も使われる。

（1）食塩

　製品に塩味を付けるために食塩を使用する。その他，食塩は製品に保存性，保水
性，結着性を付与する役割もある。

（2）糖類

　製品に甘みを付けるために糖類を使用する。糖類は次のようなものがある。
① 砂糖類…主にサトウキビ，テンサイを原料とするもの
② でん粉糖類…でん粉を糖化して製造するもの
③ その他…はちみつ，メープルシロップ
④ 還元水あめ…でん粉糖を水素添加して，末端を還元することにより製造される糖
　アルコール
　表3-5-1に砂糖を100とした時の主な糖類の甘味度（甘みの強さの尺度）を示す。

表3-5-1　糖類の甘味度

名　称	甘味度	名　称	甘味度
砂糖	100	乳糖	15
ブドウ糖	70	果糖	120
麦芽糖	40	マルチトール	80

2．香辛料

　香辛料には植物の種子，果実，葉，根，花，樹皮等を乾燥し，粉末にしたものが多
い。香りや辛みを付けたり，肉の臭みを消したりする。

(1) コショウ（果実を使用）（図 3-5-1 参照）

① 白コショウ

完熟した実を水でふやかして外皮を除去して乾燥したもの。粉末にしたものを使うことが多い。

② 黒コショウ

未熟な実を乾燥させ，表皮ごと乾燥したもの。粉末あるいはあらびきにしたものがある。

① 原形白コショウ

② 原形黒コショウ

③ 粉末白コショウ

④ 粉末黒コショウ

図 3-5-1　コショウ

(2) セージ（葉を使用）

シソ科のサルビアの葉を乾燥させたものである。新鮮感の強い香りを持ち，食肉の臭みを消すのに効果的である。

(3) コリアンダー（種子を使用）

セリ科の種子で，レモン及びセージを合わせたような特有の香りを持つが，青葉のクセの強い香りと異なる。

(4) ナツメグ及びメース（種子を使用）（図3-5-2参照）

ナツメグ及びメースは，ニクズク科の同一植物の種子から得られる。仮種皮であるメースを取り除き，割って出た仁を乾燥したものをナツメグという。ナツメグ及びメースとも甘い刺激のある香りと，まろやかなほろ苦さが特徴で，ソーセージによく使用される。

ナツメグの種子の仮種皮を取り除いて乾燥した後，粉末にしたものである。

原形ナツメグ　　　　　　　　　　　　　　粉末ナツメグ

図3-5-2　ナツメグ

(5) クローブ（花を使用）

フトモモ科の常緑樹の花のつぼみを乾燥したもので，釘のような形から丁子と呼ばれる，粉末にしたものがある。香りが非常に強い香辛料で，甘い香味を持つ。

(6) シナモン（樹皮を使用）

クスノキ科の常緑樹の樹皮を乾燥し，管状に丸めたものと粉末にしたものがある。採取部分，産地及び種類により，その臭いや辛み等に差がある。食肉製品に香りや味を付与する。

(7) オールスパイス（果実を使用）

フトモモ科の常緑樹の未熟果を乾燥したもの。ナツメグ，クローブ及びシナモンの3種類の香辛料をミックスしたような香りがある。外観が黒コショウに似ているため，百味胡椒ともいわれている。若干の刺激感はあるが辛みはない。

⑻ ローレル（葉を使用）（図 3-5-3 参照）

クスノキ科の月桂樹（ローレル）の葉を乾燥したもので，粉末にしたものがある。すがすがしい香りと若干の苦みを感じる。食肉や魚の臭みを消す効果も期待できる。ベイリーフ，月桂樹，ローリエともいう。

図 3-5-3　ローレル

⑼ ガーリック（茎を使用）（図 3-5-4 参照）

ユリ科の多年生植物のりん茎を乾燥したものである。強烈で特有の臭いがある。ガーリックの特有の臭いは，香りの前駆物質である無臭のアイリンが酵素アイリナーゼの作用でアリシンに変わることで発生する。

図 3-5-4　ガーリック（乾燥）

⑽ オニオン（茎を使用）

ユリ科の玉ねぎを乾燥したもので粉末にしたものがある。強い刺激臭と辛みがあるが，甘みも感じられる。食肉類の臭いを消す効果（矯臭効果）がある。成分中の含硫化合物が食肉中のアミノ酸類と反応して独特の風味が出る。

3. 結着材料

結着材料は，結着性を補強する目的で使用する食品素材である。原料肉の結着力が弱い場合に用いられる。

(1) でん粉

主として馬鈴薯，小麦，とうもろこし，キャッサバ等を磨砕，分離，精製，脱水，乾燥して製造する。保水性，結着性等の改善のために用いられる。でん粉を水に懸濁し加熱すると，でん粉粒は吸水して膨潤する。加熱し続けると，でん粉懸濁液は白濁した状態から透明になり，急激に粘度を増す。この現象を糊化という。でん粉粒は最大限に水を吸収したときに粘度は最大となり，でん粉粒が壊れると粘度は低下する。糊化温度の違うでん粉を組合せることで，様々なゲル強度のでん粉ゲルをつくり，ソーセージ等の食肉加工品の食感の制御が可能となる。

① 馬鈴薯でん粉

糊化温度55～65℃。ゲル化力の強いでん粉であり，ソーセージ等の食肉加工品の加熱温度（中心部分63℃30分と同等以上）で十分に糊化できる。

② 小麦でん粉

糊化温度62～80℃。糊化温度がやや高いため，ソーセージ等の食肉加工品の加熱温度では完全に糊化できない。そのため，ゲル強度は弱くなる。

③ とうもろこしでん粉（コーンスターチ）

糊化温度65～76℃。糊化温度がやや高く，ゲル化力が弱い。

④ タピオカでん粉

キャッサバ（芋）のでん粉で，糊化温度は59～70℃のためソーセージ等の食肉加工品には利用しやすい。

(2) 小麦粉

小麦をひいて粉にし，ふるい分けしたもの。水を加えて攪拌すると，グルテンを形成して粘性を生じる。保水性，結着性等の改善のために用いられる。

小麦粉に含まれるたん白質（グルテン）の質と量によって分類される。

表 3-5-2　小麦粉の種類

	強力粉	中力粉	薄力粉
グルテンの量	多い	中間	少ない
グルテンの性質	強い	中間	弱い
粒度	粗い	中間	細かい
原料小麦の種類	硬質小麦	中間	軟質小麦

(3) 植物性たん白

　主に大豆や小麦を原料として，抽出，分離，濃縮したもの。保水性，結着性，ゲル化性，乳化性等の機能を有し，品質改良などの目的で使用される。

① 分離大豆たん白

　脱脂大豆の可溶性成分を水抽出し，分離した豆乳を酸沈殿，遠心分離，アルカリを用いた中和を行い，乾燥させたもの。ハムのピックル，ソーセージの練り込み等食肉加工品に広く使用され，食感改良，結着性，保水性，脂肪分散性の向上に寄与する。ただし，食塩と共存すると溶解度が下がるため，ピックル，ソーセージ等に添加するタイミングを考慮する必要がある。

② 濃縮大豆たん白

　脱脂大豆の可溶性成分をアルコールまたは酸で抽出し，糖類などを溶出し，遠心分離，pH調整を行い，乾燥させたもの。吸水性，吸油性，乳化性に優れていることからソーセージ等の食肉加工品に利用されている。

(4) 卵たん白

　全卵，卵黄たん白及び卵白由来のたん白質であり，食肉製品には卵白が主に用いられる。粉末卵白は卵白中の糖分を除去，乾燥，殺菌したもので，保水性，結着性，ゲル化性に優れ，ハム等の食肉加工品に利用されている。卵白は60℃前後で凝固し始め，完全に固まるには80℃程度の温度を必要とすることから，食肉加工品の加熱温度も考慮する必要がある。また，色調，臭いは様々なものがあることから，適切な卵白を選ぶ必要がある。

(5) 乳たん白

　牛乳中に含まれるたん白質である。カゼインたん白質とホエーたん白質の2種類がある。ホエーたん白質を濃縮・乾燥したホエープロテインコンセントレイト（WPC）と，イオン交換・濃縮・乾燥したホエープロテインアイソレイト（WPI）があり，何れも乳化安定性，熱凝固力がある。

(6) 血液たん白

　動物の血液から分離されるたん白質である。血漿たん白質と血球たん白質があるが，食品素材としては，血漿たん白質が多く利用されている。結着性，乳化性，ゲル化性，保水性に優れているが，特有の臭いがある。

(7) ゼラチン

　動物の皮，腱，膜等の結合組織の主成分であるコラーゲンを加水分解抽出または水と共に加熱して分解し，水溶性にしたたん白質である。ゼラチンの水溶液は加熱すると溶け，冷却するとゲル化して固化する。水との混合割合によりゲル強度を調

節することが可能である。

第6節　ハム・ソーセージ・ベーコン用添加物の種類

　食品添加物とは，食品の製造過程で，または食品の加工や保存の目的で食品に添加，混和などの方法によって使用するものと定義されており，ハム・ソーセージ・ベーコンを製造するときに，風味，保存性の改善，栄養強化のために使用している。

1. 調味料

　食品の味付けに用いられる物質のうち，食肉加工食品の製造工程で食品添加物として用いられる調味料は，アミノ酸，核酸，有機酸，無機塩の4種類に分類される。

① アミノ酸

　L-グルタミン酸ナトリウム，グリシン等がある。L-グルタミン酸ナトリウムは昆布のうま味の成分である。

② 核酸

　5'-イノシン酸二ナトリウム，5'-グアニル酸二ナトリウム，5'-リボヌクレオチド二ナトリウム等がある。5'-イノシン酸二ナトリウムはかつお節のうま味の成分であり，食肉にも含まれる。5'-グアニル酸二ナトリウムは椎茸のうま味の成分である。グルタミン酸ナトリウムと核酸系調味料を併用すると，相乗効果によりうま味が増大する。核酸系調味料は食肉中に存在する酵素によって分解されうま味を失う。

③ 有機酸

　コハク酸二ナトリウム，乳酸ナトリウム等がある。コハク酸二ナトリウムは貝のうま味の成分である。

④ 無機塩

　塩化カリウム等がある。塩化カリウムは塩味があり，減塩製品に食塩の代わりに利用される場合がある。ただし，塩化カリウムには特有の収斂味があることから添加量を考慮する必要がある。

2. 結着補強剤

　食肉加工品の結着性や保水性を補うために結着補強剤を用いることが多く，一般的に重合リン酸塩を利用する。重合リン酸塩の一つであるポリリン酸ナトリウムはオルトリン酸ナトリウムが重合してできたものである。食肉加工品の塩せきによく使用するポリリン酸ナトリウムには，オルトリン酸ナトリウムが2つ重合してできたピロリン酸ナトリウム，3つ重合してできたトリポリリン酸ナトリウムなどがある。ポリリン酸ナトリウムの性質として，アルカリ性を示し，少量の添加でイオン強度を高

めることができ，ピロリン酸ナトリウムはATPと同様に，アクトミオシンをアクチンとミオシンに解離させるはたらきがある。

　ポリリン酸ナトリウムは食肉加工品において結着力，保水力を高めることができるが，これは食肉のたん白質の抽出性の低下を補強し，アクトミオシンを解離し，ミオシンの抽出量を増加させる効果に起因している。トリポリリン酸ナトリウムは加水分解されて，ピロリン酸になってはじめてアクトミオシンの解離に有効に作用する。ピロリン酸ナトリウムは即効性があるため，カッターでのソーセージのカッティングの際に使用するとよいとされている。一方，長期間の塩せきには重合度の高いポリリン酸ナトリウムを使用するとよい。その他，脂肪とたん白質が共存するエマルジョンタイプのソーセージの乳化状態の安定化に有効とされている。

3. 発色剤

　発色剤とは，主にハム・ソーセージ・ベーコン特有の肉色（桃赤色）とする目的で使用するものである。発色剤を使用すると次の4つの効果が期待できる。
① 発色効果（食肉製品特有の色調を作り出す）
② 微生物（特にボツリヌス菌）の増殖を抑える効果
③ 食肉製品特有の風味を生み出す効果
④ 脂肪の酸化を抑える効果
　発色剤には，亜硝酸ナトリウム，硝酸カリウム，硝酸ナトリウムがある。一般のハム・ソーセージ・ベーコンには亜硝酸ナトリウムがよく用いられ，製品中に残存亜硝酸根として70ppm以下の使用基準が食品衛生法で定められている。

4. 乳化安定剤

　ソーセージ製造時のカッティング工程で，食肉，脂肪及び添加水によるエマルジョン形成を助け，乳化の安定化を図る目的で乳化安定剤を用い，一般的にはカゼインナトリウムが利用されている。
　カゼインナトリウムは水溶性であり，加熱してもゲル化しない特性がある。

5. 酸化防止剤

　酸化防止剤とは，酸化による食品の変質を防ぎ，風味の劣化や変退色を抑制して，食品の安定性を向上させるために使用するものである。酸化防止のはたらきをものはビタミン類があるが，水溶性と脂溶性に分けられる。水溶性としては，L－アスコルビン酸ナトリウム。L－アスコルビン酸，エリソルビン酸ナトリウムがあり，脂溶性にはdl－

α−トコフェロール，ミックストコフェロールが利用される。食肉加工品にはＬ−アスコルビン酸ナトリウムを使う場合が多い。Ｌ−アスコルビン酸ナトリウムには次の効果が期待できる。

①　酸化防止
②　発色促進（発色助剤）
③　色調の安定化
④　ニトロソアミンの生成抑制

6. 保存料

保存料とは，食品中の微生物の発育を抑え，製品の保存性を高めるために使用するものである。食肉加工品に使用する保存料としてはソルビン酸及びソルビン酸カリウムがあり，ソルビン酸として食肉製品１kgにつきソルビン酸で２g以下の使用基準が食品衛生法で定められている。その他，ナイシンがあり，使用基準はナイシンＡを含むポリペプチドとして0.0125g／kg以下である。

【参考】ソルビン酸
①　有機酸の１種。細菌類，カビ，酵母等極めて広い範囲の微生物に効果がある。
②　食品添加物として使われている。
③　抗菌作用はpH依存性が高く，pHが低いほど抗菌力が増大する。

7. pH調整剤

pH調整剤とは，食品を適切な範囲のpHに保持するために使用するものである。
食肉製品に用いるpH調整剤にはクエン酸，グルコノデルタラクトン，酢酸ナトリウム，フマル酸，乳酸ナトリウム等がある。
フマル酸等のpH調整剤を添加すると，食肉製品のpHを下げることができる。pH低下によって次の効果が期待できる。

①　ソルビン酸との併用により相乗効果で保存性を高める
②　肉色の発色と安定

8. 増粘安定剤

増粘安定剤とは，食品の粘性を付与し，乳化を安定化させたり，ゲル化させたりする働きがある多糖類である。食肉製品に用いる増粘安定剤は海藻抽出物であるカラ

ギーナン，植物由来のグァーガム，ローカストビーンガム，微生物由来のキサンタンガム，カードラン等がある。また，単品よりも複数の増粘安定剤を組合せて使用する場合が多い。

9. 日持向上剤

日持向上剤とは，保存料ほどの効果はないが，短期間日持ちを向上させる目的で使用する。食肉製品に使用する日持向上剤としてはグリシン，酢酸ナトリウムがある。

10. 甘味料

甘味料とは食品に甘みを付与するものである。甘味料は図3-6-1のように区分できる。

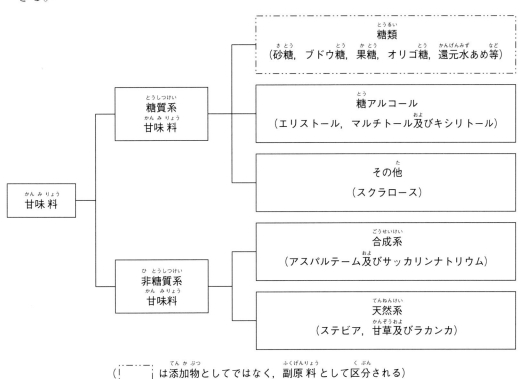

（[____] は添加物としてではなく，副原料として区分される）

図3-6-1　甘味料の種類

食肉製品に使用される甘味料としてカンゾウ抽出物があるが，少量であっても非常に強い甘みがある（甘味度200～300）。

甘味料は甘みの付与の他，塩なれ効果，風味増強効果，低カロリー等様々な機能を持つものが多い。

11. 製造用剤

　加工食品は種類も多く，様々な製造方法で製造されており，使用される添加物は，その機能，用途が多岐にわたるため，統一的な用途名で分類することが難しい場合がある。製造用剤はこのような添加物を便宜上まとめたものである。食肉製品に使用する製造用剤として加工でん粉がある。

　加工でん粉はでん粉に酵素的，物理的，化学的な加工を施して特性の改質，改善や機能性の付与，増強したものである。結着性，保水性，増粘，乳化等の向上を目的として使用する。食肉製品に使用する加工でん粉としてアセチル化アジピン酸架橋デンプン，アセチル化リン酸架橋デンプン，アセチル化酸化デンプン，オクテニルコハク酸デンプンナトリウム，酢酸デンプン，酸化デンプン，ヒドロキシプロピルデンプン，ヒドロキシプロピル化リン酸架橋デンプン，リン酸モノエステル化リン酸架橋デンプン，リン酸化デンプン，リン酸架橋デンプンがある。

① **リン酸架橋デンプン**

　でん粉をトリメタリン酸ナトリウムでエステル化したもので，でん粉の分子を架橋して膨潤や糊化を抑制する。

② **酢酸デンプン**

　でん粉を無水酢酸でエステル化したもので，糊化開始温度を低下させ，老化安定性や透明性を付与する。

③ **ヒドロキシプロピルデンプン**

　でん粉を酸化プロピレンでエーテル化したもので，親水性が増大し，糊化開始温度が低下する。老化耐性，冷蔵安定性に優れている。

④ **オクテニルコハク酸デンプンナトリウム**

　でん粉を無水オクテニルコハク酸でエステル化したもので，乳化能が付与され，乳化安定性，老化安定性に優れている。

⑤ **酸化デンプン**

　でん粉を次亜塩素酸ナトリウムで酸化処理したもので，低粘性で老化しにくい性質をもつ。

12. 着色料

　着色料とは，ハム・ソーセージ・ベーコン類を好ましい色調に調整するために使用するものである。食肉加工品に使用する着色料としては赤色のコチニール色素，クチナシ色素，ベニコウジ色素，ラック色素，食用赤色3号，食用赤色102号，食用赤色105号，橙色のアナトー色素，トウガラシ色素，食用黄色5号，茶色のカラ

メル，コウリャン色素がある。

13. 香辛料抽出物

香辛料から香辛味成分を水やオイルで抽出したもので，少量で香辛料の風味を付けたり，強くしたりすることができる。

14. くん液

くん液とは，くん煙成分を液体にしたもので，くん煙したときと同じようなくん煙風味を付けたり，強くしたりするために使用する。木材で木炭を製造する際に得られる煙を集めて冷却して液化したもの，さらにこの液を精製したものである。原料となる木材，くん液の製造条件によって風味，機能が異なる。

くん液に含まれる化合物として有機酸，カルボニル化合物，エステル，エタノール，フェノール，フルフラール等がある。

海外ではくん液を用いて噴霧，浸漬し，くん煙した場合と同じような風味を付与する液くん法があるが，日本では液くん法はくん煙とは見なされない。

15. 強化剤

ビタミン類，アミノ酸類，ミネラル等で栄養強化のために使用される。食肉製品に使用するものとして，クエン酸第一鉄ナトリウム，焼成カルシウム，炭酸カルシウム，未焼成カルシウムがある。

第3章　確認問題

以下の問題について，正しい場合は○，間違っている場合は×で解答しなさい。

1. ハム・ソーセージ等の食肉製品の原料肉は豚肉だけである。

2. PSE肉は弾力や色調がよく，保水性や結着性も高いので，ハム・ソーセージを製造する上で最良の原料肉である。

3. 原料肉を保存するために行う凍結は緩慢凍結でゆっくり行うと，解凍後はドリップの少ない，よい原料肉になる。

4. 豚枝肉の格付け規格は，上，中及び並の3規格である。

5. 香辛料は，植物の種子を粉末にしたものだけである。

6. オールスパイスはナツメグ，クローブ及びシナモンをミックスしたような香りと味がすることから，オールスパイスと呼ばれる。

7. 発色剤には発色効果（食肉製品特有の色調を生み出す）以外に，ボツリヌス菌の増殖を抑える効果もある。

8. ソーセージに保存料のソルビン酸を使用する場合，pH調整剤と合わせて使用すると保存効果が高まる。

第3章　確認問題の解答と解説

1. × （理由：ハムの主原料は豚肉のみである（プレスハムを除く）。ソーセージの主原料は豚肉であるが，牛肉やマトン等の畜肉，鶏肉等の家きん肉，家兎肉等も使用される。）

2. × （理由：PSE肉は色が白く，やわらかく，肉汁が出やすく，結着性の悪い異常肉の代表であり，ハム・ソーセージの原料肉としては不適である。）

3. × （理由：食肉を凍結する場合，最大氷結晶生成帯をできるだけ早く通過させることが重要である。緩慢凍結では最大氷結晶生成帯を通過する時間が長くなり氷結晶が大きくなるため，肉質を損なうとともに解凍時のドリップが多くなり，原料肉としては不適となる。）

4. × （理由：豚枝肉の格付け規格は「極上」，「上」，「中」，「並」，「等外」の5規格である。）

5. × （理由：植物の種子以外に，果実，葉，花，根及び樹皮を乾燥した後，粉末にしたものも多くある。）

6. ○

7. ○

8. ○

第4章　機械及び設備

　ハム・ソーセージ・ベーコンを製造するには，各工程で使用する機械の機能や特徴を理解していなければならない。本章は，ハム・ソーセージ・ベーコン製造の工程全般で使われる機械，設備の種類や，その機能に関する専門知識・技能を修得することを目標としている。

第1節　解凍用機械・設備

1. 流水解凍タンク（図4-1-1参照）

　流水解凍タンクは，流水で原料肉を解凍するための設備である。大きな容器（タンク）に水を溜め，その中に原料肉を入れて水を流しながら解凍する。

原料肉

このタンクに水を張って解凍する

図4-1-1　流水解凍タンク

【参考】食品製造用水とは：

① 流水解凍には，食品製造用水を使わなければならない。

② 食品製造用水とは，法律で決められた水質基準（微生物や重金属などの基準）に合格したことを証明された水である。

---

2. 電子解凍装置（図 4-1-2 参照）

電子解凍装置は，高周波やマイクロ波等の電磁波を原料肉に照射して解凍する機械である。電子解凍装置は，電磁波を発生させる部分と解凍する原料肉を置く部分とからなる。

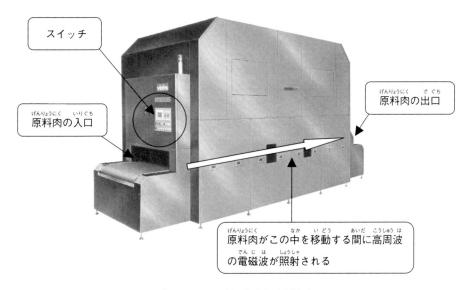

スイッチ

原料肉の入口

原料肉の出口

原料肉がこの中を移動する間に高周波の電磁波が照射される

図 4-1-2　高周波解凍装置

3. 低温高湿度水蒸気解凍設備（図 4-1-3 参照）

原料肉を専用の庫内におき，解凍を行う方法である。低い温度でコントロールされた高湿度水蒸気を庫内に送り込み，原料肉の表面で水蒸気が凝縮・結露する際の熱で原料肉の解凍を行う。比較的低温でも，短い時間での解凍を行うことが出来る。

図 4-1-3　低温高湿度水蒸気解凍設備
（提供：フジ技研工業 株式会社）

第2節　塩せき用機械・設備

1．テンダーライザー（図4-2-1参照）

　テンダーライザーは，原料肉を軟らかくするために，肉中の筋や線維を切る目的で使用する機械であり，主としてハムやベーコンなどの肉塊製品の製造の際に補助的に用いることがある。手動式や自動式がある。また，針状のものが次項のピックルインジェクターに付属している場合もある。

図4-2-1　テンダーライザー
（提供：株式会社ヒガシモトキカイ）

2．ピックルインジェクター（図4-2-2参照）

　ピックルインジェクターは，塩せき作業をする時に用いるもので，原料肉に注射針を刺してピックル（塩せき用の液）を注入する機械である。この装置を使用すると，一定量のピックルを原料肉の中心部まで連続して均一に注入することができる。

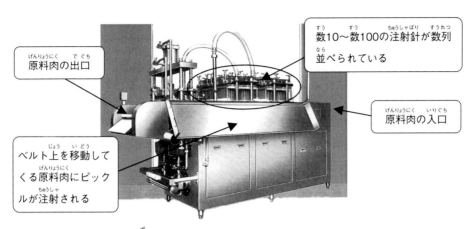

原料肉の出口

数10〜数100の注射針が数列
並べられている

原料肉の入口

ベルト上を移動して
くる原料肉にピック
ルが注射される

図 4-2-2　ピックルインジェクター

3．タンブラー（図 4-2-3 参照）

　タンブラーは，原料肉中に注入したピックルを肉内に均一に分散させるための機械である。タンクを回転させると落下という物理的衝撃により原料肉の肉線維がほぐされ，ピックルが均一に分散する。これによって，原料肉の塩溶性たん白を引き出す効果が期待できる。

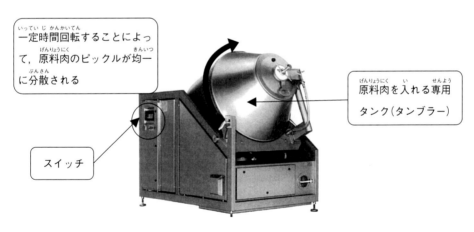

一定時間回転することによっ
て，原料肉のピックルが均一
に分散される

原料肉を入れる専用
タンク（タンブラー）

スイッチ

図 4-2-3　タンブラー

第3節　細切・混合用機械・設備

1. チョッパー（図4-3-1，図4-3-2参照）

　チョッパーは，原料肉を細切りする機械である。チョッパーは，スクリュー，プレート及び刃（ナイフ）で構成されている。チョッパーには1枚のプレートと1個の刃で構成される1段挽きや，3枚のプレートと2個の刃で構成される3段挽きのタイプがある。大きな工場では，3段挽きのチョッパーが使用されていることが多い。

　チョッパーには，口径の大きさにより型式番号が付けられている（例：42番は口径130mmなど）。また，処理能力については，1時間当たり数十kgの小型のものから，数百kgの大型までさまざまなものがある。

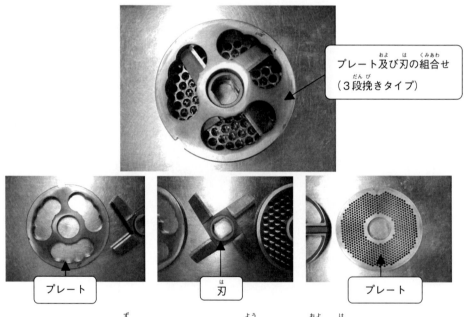

プレート及び刃の組合せ（3段挽きタイプ）

プレート

刃

プレート

図4-3-1　チョッパー用プレート及び刃

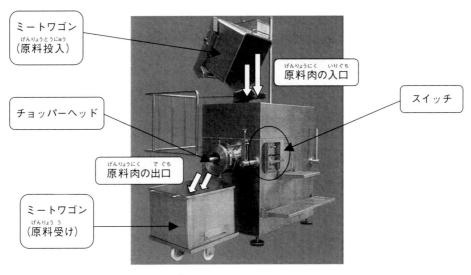

ミートワゴン
（原料投入）

原料肉の入口

チョッパーヘッド

スイッチ

原料肉の出口

ミートワゴン
（原料受け）

図 4-3-2　チョッパー

2．カッター（図 4-3-3，図 4-3-4参照）

　カッターは，原料肉，脂肪，香辛料，添加物等を細切し混合し，ソーセージ生地を製造する機械である。原料肉を細切りすることで筋肉構造たん白質の抽出を容易にし，安定した乳化生地にする。一定のスピードで回転するボウル（皿）の上に原料肉などを載せ，これを，ナイフ（刃）の高速回転により細切し結着力を出すとともに，調味料，香辛料などを均一に混合する。刃の回転数は機種により1分間当たり数百回転から，数千回転程度の超高速での運転が可能なものがある。

　高速真空カッターでは，作業中にカッター内の真空度を高くすることで，生地が膨張し，より細切できるようになるので，より多くのたん白質を溶解することができ，通常のカッターより短時間で同様の保水性，結着性を出すことができる。また製品の食感がよりしっかりしたものになる。

ナイフ取付位置
バキュームカバー
アンローダー
（肉取り出し用）
ボウル
操作パネル

図 4-3-3　カッター
（提供：東京 食品機械株式会社）

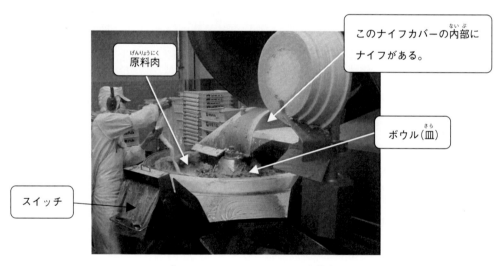

このナイフカバーの内部に
ナイフがある。
原料肉
ボウル(皿)
スイッチ

図 4-3-4　カッティング作業

3. ミキサー

　　ミキサーは，挽き肉やブロック状の食肉と香辛料，味付け等の副原料等を混合する機械である。タンク内に取り付けられた，撹拌用のミキシングパドル（羽根）は正転・逆転が可能で，回転数も自由に設定できるようになっている（図 4-3-5 参照）。また，比較的軟らかい原料肉の混合に適するように，ミキシングパドルがリボン型（スク

リュー型）になっているものもある（図4-3-6参照）。

ミキシングパドルが内蔵されている

上から見ると

パドル（羽根）

図4-3-5　ミキサー

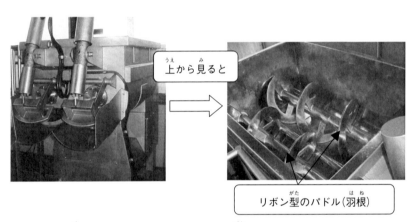

上から見ると

リボン型のパドル（羽根）

図4-3-6　ミキサー（リボン型パドルのタイプ）

真空式ミキサーでは，プレスハムやソーセージなどの製造において，原材料の混合時に，肉中に残存する空気を抜くことで，製品断面に見られる穴（気泡）をなくす効果がある。

第4節　充てん用機械・設備

　充てん用機械は，練り肉（味付け後の原料肉）をケーシングに充てんする機械である。スタッファーとも呼ばれる。空気圧式，油圧式及び電動式などがある。

1．空気圧式（エアスタッファー）

　空気圧式は，シリンダー内の練り肉を空気圧で押しながら，充てんノズルに送り込んで充てんする方式である。

2．油圧式（図4-4-1参照）

　油圧式は，シリンダー内の練り肉を油圧で押し出しながら充てんする方式である。エアスタッファーよりも高圧で使用するので，作業もスピードアップできる。

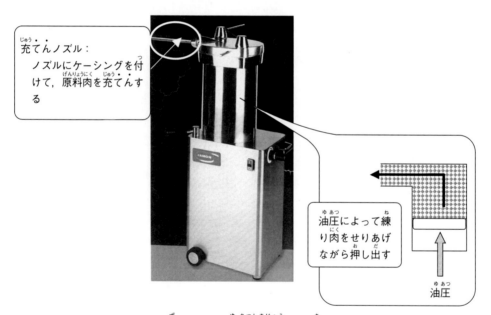

充てんノズル：
ノズルにケーシングを付けて，原料肉を充てんする

油圧によって練り肉をせりあげながら押し出す

油圧

図4-4-1　油圧式充てん機

3．電動式（図4-4-2参照）

　電動式は，モーターの回転力で練り肉を押し出しながらノズルに送り，充てんする方式である。練り肉を押し出す部分をベーンポンプと呼ぶ。ベーンポンプは，回転するローター部分と数枚の羽根で構成されており，練り肉中の空気を除去しながら充てんできるという特長がある。

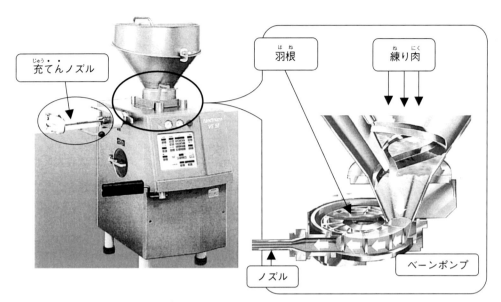

充てんノズル

羽根

練り肉

ノズル

ベーンポンプ

図 4-4-2　電動式スタッファー

【参考】最近のスタッファー：
① スタッファーには，重量調整装置，充てんスピード調整装置やひねり機構等が装備されている。これによって高速での定量自動充てんが可能になった。
② 大量生産方式の高性能スタッファーとして，練り肉を押し出すポンプ部分（ミートポンプ）と充てん・ひねり機構がそれぞれ独立して組み合わされたものが開発されている。

第5節　くん煙・乾燥・加熱用機械・設備

従来，くん煙（スモーク）及び加熱をするには，くん煙室でくん煙・乾燥を行い，その後，くん煙室から製品を出して湯煮（ボイル）していた。最近ではこれら全工程を1つの装置で行う全自動くん煙装置（スモークハウス）が用いられるようになった。

1. 全自動くん煙装置（スモークハウス）

全自動くん煙装置（スモークハウス）は，乾燥，スモーク，蒸煮，冷却（シャワーによる）等の工程を自動的に行い，同時に温度，湿度，時間等を記録できる設備である（図4-5-1参照）。

図4-5-1　全自動くん煙装置（スモークハウス）の入口ドア

スモークゼネレーター（図4-5-2参照）は木材チップ（日本ではサクラ，ブナ，ナラ，カシなどが使われることが多い）の不完全燃焼によって煙を発生させる。

機械の種類によっては蒸気を含ませてくん煙することが可能なタイプもある。

図 4-5-2　スモークゼネレーター

2．ボイルタンク（ボイル槽）（図 4-5-3 参照）

　ボイルタンク（ボイル槽）は，ステンレス製の四角いタンクで，ホイストで吊り下げたカゴ（ステンレス製など）に食肉製品を入れ，カゴごとタンク内の湯で加熱する設備である。タンク内の湯の温度は自動的に調節できるようになっている。

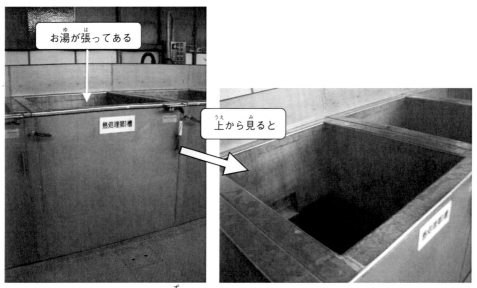

図 4-5-3　ボイルタンク

3．乾燥室

　強く乾燥させる食肉製品（ドライソーセージやサラミソーセージ等）の乾燥及び熟成を行う設備が乾燥室である。乾燥室では室内の温度，湿度及び送風（通風）の管理が最も重要である。製品の乾燥ムラを防ぐために送風が直接製品にあたらないように工夫されている。

第6節　冷蔵・冷凍用機械・設備

1．冷凍機

　　製品冷却（冷凍・冷蔵）や空調，冷却水作成などを行う機械を総称して冷凍機と呼ばれることが多い。冷凍機は一般には冷媒（フロン，アンモニアなど）を使用する。冷媒の膨張・蒸発を下記のユニットクーラーが行い，圧縮・凝縮を冷凍機が行う。この工程を繰り返し空気や水を冷却する。これを冷凍サイクルと呼ぶ。

2．ユニットクーラー（図4-6-1参照）

　　ユニットクーラーは，空気を冷やすための機械で，天井から吊るすものと，床置き式がある。一般的には天井から吊るして，庫内空気の冷却と循環を行う。冷凍機から供給される冷媒液を膨張弁で膨張させ，熱交換器で蒸発させる。蒸発した冷媒は冷凍機に戻り，圧縮・凝縮（屋外に熱を放出）される。エアフィルターを設置しているタイプもある。

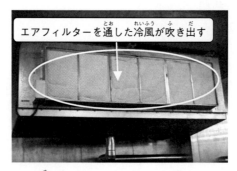

図4-6-1　ユニットクーラー

3. 冷蔵庫（冷却庫）（図4-6-2参照）

冷蔵庫（冷却庫）は，加熱の終了したハム・ソーセージ・ベーコン類を速やかに冷却する設備である。

- 加熱後の製品を速やかに冷却するために，冷却能力の大きな冷凍機が必要である
- 製品の保存性の低下を防ぐため，十分に冷却する

図4-6-2　冷蔵庫（冷却庫）

第7節　包装機械とその他の設備

　多くの食品は品質の維持や流通，保管，販売等の目的で包装される。様々な包装形態に合うような包装機械が開発されている。

1. 主にハム類の包装に使用する機械類

　ハム類を包装する場合，深絞り包装機やスキン包装機を使用することが多い。肉塊のまま包装する場合と，消費者が使いやすいようにスライスしたものを包装する場合があり，製品の形状に応じた包装を行うことができる。

(1) スライサー（図4-7-1参照）

　スライサーは，主にハムをスライスする（切る）機械である。回転する円板状のナイフにより，製品を高速でスライスする構造になっている。

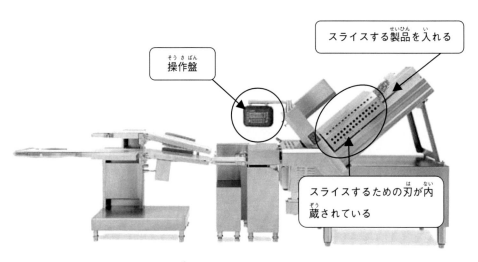

操作盤

スライスする製品を入れる

スライスするための刃が内蔵されている

図4-7-1　スライサー

(2) 深絞り包装機（図4-7-2参照）

　深絞り包装機は，フィルムを製品の形状に合うように金型で成型した後，その上に別のフィルムを密着させてシール包装する機械である。製品の日持ち向上や品質維持のため，パックの中の空気を抜いて真空状態にして包装する真空包装や，パック内部に不活性ガス（窒素ガス等）を入れ，空気と入れ替えるガス置換包装などを行うことができる。

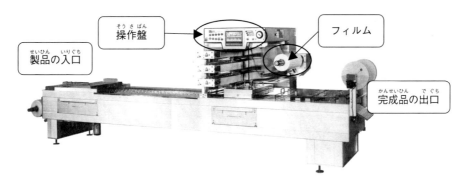

操作盤

フィルム

製品の入口

完成品の出口

図 4-7-2 深絞り包装機

(3) スキン包装機

　　スキン包装機は，製品自体が成型金型の代わりをして包装する機械である。しわが
できにくく真空度も高いので，製品の離水を抑えられるという特長がある。

2．主にソーセージ類の包装に使用する機械類

　　ソーセージ類を包装する場合，製袋包装機を使用することが多い。

(1) ロータリーカッター（図 4-7-3，図 4-7-4 参照）

　　ロータリーカッターは，天然腸等に充てんしたソーセージ類を 1 本ごとに切り離
す装置である。腸にひねりを加えて細くなった部分をドラムの中を通過させて切断
する。

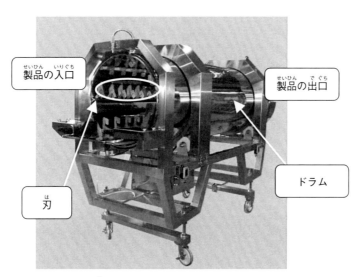

製品の入口

製品の出口

刃

ドラム

図 4-7-3 ロータリーカッター

製品の出口側

製品の入口側

図 4-7-4　ソーセージの切り離し作業

⑵　組合せ計量機（図 4-7-5 参照）

組合せ計量機は，形や重さの異なる食品を高速で計量する機械である。

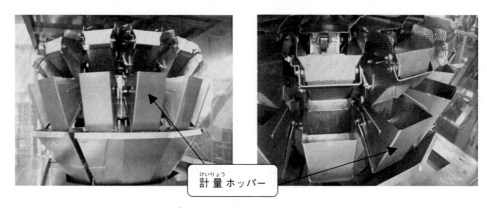

計量ホッパー

図 4-7-5　組合せ計量機

⑶　製袋包装機（図 4-7-6 参照）

製袋包装機は，フィルムを使って自動的に包装する機械である。製品の保存性向上や品質維持のため，包装内部に不活性ガス（窒素ガス等）を入れ，空気と入れ替えるガス置換包装を行うことができる。

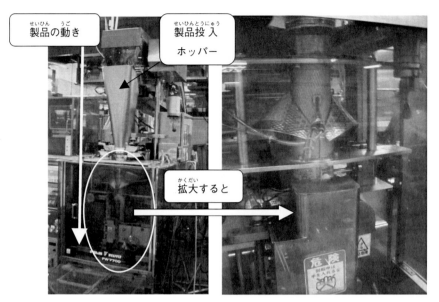

図（ず）4-7-6　製袋包装機（せいたいほうそうき）

3．シーラー

　シーラーは，包装材料（ほうそうざいりょう）に製品を投入（とうにゅう）した後（あと），投入口（とうにゅうぐち）を密封（みっぷう）するための装置（そうち）である。包装材料（ほうそうざいりょう）を溶（と）かして溶着（ようちゃく）させる仕組（し）みになっている。

(1)　インパルスシーラー及（およ）びヒートシーラー

　インパルスシーラーは，通電時間（つうでんじかん）を調節（ちょうせつ）し，発熱体（はつねつたい）に瞬間的（しゅんかんてき）に電気（でんき）を通（とお）して加熱（かねつ）することでシールする。ヒートシーラーは，発熱体（はつねつたい）に電気（でんき）を通（とお）して加熱（かねつ）し加圧（かあつ）して，包装材料（ほうそうざいりょう）シール面（めん）のプラスチックを溶（と）かして接着（せっちゃく）させる機械（きかい）である。フィルムを加熱溶融密着（ねつようゆうみっちゃく）する時（とき）に使用（しよう）する。

(2)　高周波（こうしゅうは）シーラー

　高周波（こうしゅうは）シーラーは，高周波（こうしゅうは）の誘電発熱（ゆうでんはつねつ）により包装材料内部（ほうそうざいりょうないぶ）を発熱（はつねつ）させてフィルムを接着（せっちゃく）させる機械（きかい）である。包装材料（ほうそうざいりょう）をプレスした加圧状態（かあつじょうたい）で電極（でんきょく）に高周波電圧（こうしゅうはでんあつ）を加（くわ）える。塩化（えんか）ビニール，塩化（えんか）ビニリデン，ナイロン等（など）一部（いちぶ）のプラスチック包装材料（ほうそうざい）にしか使用（しよう）できない。

(3)　超音波（ちょうおんぱ）シーラー

　超音波（ちょうおんぱ）シーラーは，包装材料（ほうそうざいりょう）に対（たい）して1秒間（びょうかん）に約（やく）20,000回（かい）の超音波振動（ちょうおんぱしんどう）を与（あた）え

ながら加工ローラーで圧力を加える機械である。溶着・溶断を同時に行うので生産性が高い。

第8節　コンプレッサー

　コンプレッサー（エアーコンプレッサー）とは，空気を圧縮し，エネルギーとして使うための機械である。吐出圧力が0.1MPa以上の能力を持つものがコンプレッサーと呼ばれる。電気や油圧よりも取扱いやすいため，工場の主要な動力源になっている。コンプレッサーには，空気を圧縮する方式に関し，主なものとして，レシプロコンプレッサー（図4-8-1参照），スクリューコンプレッサー，スクロールコンプレッサーなどがある。また，制御タイプとしては圧力開閉器式やアンローダ式などがあるが，圧縮空気を断続的に使用する場合は圧力開閉器式，圧縮空気を連続的に使用する場合にはアンローダ式が向いている。

図4-8-1　レシプロコンプレッサー
（提供：株式会社日立産機システム）

第9節　異物検出用装置，重量選別機

　　工場で製造を行うハム・ソーセージ・ベーコンは，衛生的で安全，また安定した品質であることが求められる。このため，多くの事業所で，製造ラインの中に金属検出機やX線検査装置を組み込んで，金属異物や石，ガラスなどの硬質異物が混入した製品の検出・除去を行ったり，コンベアタイプの重量選別機などを使い，重すぎたり軽すぎたりする製品の除去を行っている。

1. 金属検出機（図4-9-1参照）

　　金属検出機（金属探知機）は，食品に混入している金属による磁界の変化をとらえて検知する機械であり，金属異物の混入の検出に用いられる。金属検出機の中で，金属検出部は一つの送信コイルと2個の受信コイルで構成されている。金属が混入した製品がその中を通過すると検出部の磁界が乱れるが，それを信号としてとらえることで，金属を検出することが出来る。

　　どんな種類の金属も検出感度は同じではなく，感度は金属の大きさや，種類により異なる。鉄のような磁性を帯びやすい金属では小さなものでも検出されやすく，アルミニウム，ステンレスなどの磁性を帯びにくい金属では検出されにくい傾向がある。また，コイル内の製品の通過位置によって，製品中の金属異物が検出しづらい位置ができるので，製品の検査の仕方には注意が必要である。

　　その他，製品の温度も検出感度に影響する（凍結状態が一番影響が少ない）。また，ハム・ソーセージ・ベーコンには食塩が用いられているが，それらの塩分濃度も感度に影響し，塩分が高いものはその影響が強くなり，検出感度が下がる場合がある。

図 4-9-1　金属検出機
（提供：アンリツインフィビス株式会社）

２．X線検査装置（図 4-9-2 参照）

　近年，製品の異物検査に，X線検査装置が用いられるようになってきている。X線検査装置は，X線照射管からX線を発生させ，ラインセンサー（またはCCDカメラ等）で製品のX線透過量を測定することで，製品中の異物の検出を行う。X線検査装置では，金属の他，石やガラス，硬質プラスチックなどの硬い異物の検出を行うことができる（※ただし全ての硬質異物を検出できるわけではない）。またX線検査は異物検査だけでなく，製品そのものの形状のチェックや，数量のチェックなどにも用いられることがある。

図 4-9-2　X線検査装置
（提供：アンリツインフィビス株式会社）

3. 重量選別機（図4-9-3参照）

　包装された製品の重量確認等を目的として，コンベア式の重量選別機を用いることがある。重量選別機を用いることで，製品の重量チェックを瞬時に行うことが出来る。

図4-9-3　重量選別機
（提供：アンリツインフィビス株式会社）

第10節　品質管理機械とその他の設備

第1節から第9節まではハム・ソーセージ・ベーコンを製造する上で，主に製造ライン上に設置して使用する機械・設備を中心に説明してきた。本節では，ハム・ソーセージ・ベーコンの品質を管理するために必要な機械・設備について説明する。

1．温度計

ハム・ソーセージ・ベーコンの製造工程で使用する温度計は，次の2つに大別される。

(1)　中心温度計（接触型温度計）（図4-10-1参照）

中心温度計は，対象物の内部温度を測定する機械である。本体及び温度センサーで構成される。本体及び温度センサーは，センサーコードでつながっている。針状の温度センサーを直接差し込んで温度を測定するため，対象物は，液体や，センサーが刺さる程度の軟らかい個体でなければならない。

(2)　表面温度計（非接触型温度計）（図4-10-2参照）

表面温度計は，対象物の表面温度を測定する機械である。対象物が放射している赤外線を感知して温度を測定するため，対象物は液体・個体を問わない。

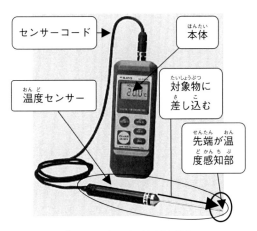

図4-10-1　中心温度計

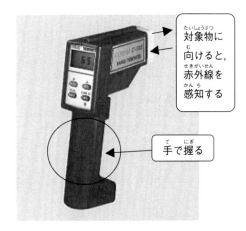

図4-10-2　表面温度計

2．タイマー

安定した品質のハム・ソーセージ・ベーコンを製造するためには，各製造工程で一定の基準を設ける必要がある。その基準の1つに作業時間がある。同じ製品を大量に

生産するとき，品質のバラツキを最小限に抑える必要があるが，そのためにはタイマーを使用して工程ごとの時間を管理するとよい。

3．計量器（上皿天秤）（図 4-10-3 参照）

試料を正確に計量するには，上皿天秤やデジタル表示の精密天秤を使用する。

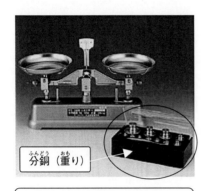

・決まった量を量りとる秤
・一方の皿に分銅を乗せた後にもう一方の皿に試料を乗せて計量する

① 上皿天秤

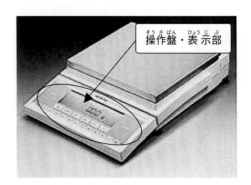

操作盤・表示部

・重さをデジタル表示する
・計算機能を含む様々な機能が付いている

② 電子天秤（精密天秤の1種）

図 4-10-3　計量器

4．近赤外線成分分析装置（図 4-10-4 参照）

近赤外線成分分析装置とは，食肉製品に含まれる化学成分を測定する機械である。対象物に近赤外線を照射して，化学成分（水分，たん白質，塩分，脂肪等）を非破壊で迅速に測定する。

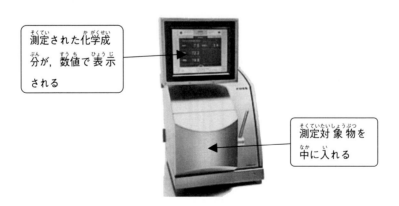

測定された化学成分が，数値で表示される

測定対象物を中に入れる

図 4-10-4　近赤外線成分分析装置

5. 微生物検査機器

(1) 位相差顕微鏡（図4-10-5参照）

　　位相差顕微鏡は，無色透明な微生物を生きたままの状態で観察することができる顕微鏡である。微生物の形状，運動能力，習性等を観察することができる。

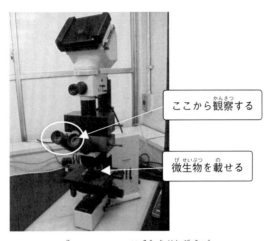

ここから観察する

微生物を載せる

図4-10-5　位相差顕微鏡

(2) ふ卵器（インキュベーター）（図4-10-6参照）

　　ふ卵器は，その名の通り，卵をふ化させるための装置である。ハム・ソーセージ・ベーコンを製造する工場では，主に微生物の培養にこの装置を用いる。様々なタイプがある。

ふ卵器外観

微生物を培養する

ふ卵器内部

図4-10-6　ふ卵器

第11節　電気の基礎知識・技能

1. 電気回路

電気の流れる道を電気回路という。電気回路は電線で電源，負荷，スイッチ等を結んでいる。

(1) 直流（図4-11-1 参照）

直流（DC:Direct Current）とは，電気回路を絶えず一方向へ流れる電流である。乾電池から得られる電流は直流である。

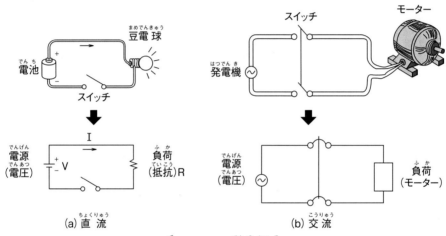

図4-11-1　電気回路

(2) 交流

交流（AC:Alternating Current）とは，電気回路を流れる電流が一定の周期（サイクル）で方向を変えながら流れる電流である。電力会社から得られる電気は交流である。交流は一定の周期で電流の方向が変わるが，1秒間あたりのサイクル数を周波数といい，単位をヘルツ（Hz）で表す。なお日本の電源周波数は，東日本では50Hz，西日本では60Hzである。（※静岡県の富士川，新潟県の糸魚川あたりが東西の境界である）

交流には単相交流と三相交流がある。

a. 単相交流

単相交流は，電気回路に1つの交流が流れる。主に家庭に供給されて，100ボルト(V)や200ボルト(V)の電圧のものが，照明や家庭用電気製品に用いられる。

b．三相交流

　　三相交流 は，電気回路に３つの交流（同じ電圧，周波数，波形等）が流れる。発電所から送電線を通って工場等でモーターや電熱等の動力として用いられている。

2．回路用語

(1)　電流 (I)………導体に電圧を加えるとその中で電子が移動する。この電子の流れと逆方向の流れを電流という。＋（プラス）極から－（マイナス）極へ流れる。電流は電流計で測定する。電流の単位はアンペア(A)を用いる。

(2)　電圧 (V)………電流を流す電気的な圧力を電圧という。電圧は電圧計で測定する。電圧の単位はボルト(V)を用いる。

(3)　電気抵抗(R)…電気回路の中には電流の流れを妨げようとする力が働く。この力を電気抵抗という。電気抵抗は簡易的にはテスターで測定できる。電気抵抗の単位はオーム（Ω）を用いる。

(4)　負荷 (L)………電気の力で仕事をする機械，モーター，照明，器具等を負荷という。乾燥機の電熱・送風装置，カッターやコンベアのモーター，工場の照明器具等がある。

(5)　電力(P)………電気が１秒間にする仕事の能力を電力という。電力は電力計で測定する。電力の単位はワット(W)を用いる。

(6)　電力量(W)……電気がする仕事の量を電力量という。電力量は電力量計で測定する。電力量の単位は（Wh）を用いる。

【参考】オームの法則などについて

・電流(I)，電圧(V)及び電気抵抗(R)の間には，次の関係がある。この関係をオームの法則という（図 4-11-1 の(a)参照）。

$I = V/R$ （これは，$V = R × I$ とも言いかえられる）

・直流回路について，電流(I)，電圧(V)及び電力(P)との間には，$P = VI$ の関係がある。

3．電気器具等

(1)　スイッチ

　　電気回路を ON/OFF する器具をスイッチという。目的によって各種のスイッチがある。制御回路のスイッチにはボタンスイッチ，プルスイッチ，近接スイッチ等が用

いられる。

(2) ブレーカー（図4-11-2 参照）

　電気回路には時として短絡（ショート）や地絡事故が発生する。このような事故では，過電流や漏電流等の異常電流が流れて大変危険である。そこで，この異常電流をキャッチして電気回路を OFF するのがブレーカーである。ブレーカーは，人間が感電したり，機械が損傷したりすることから守ってくれる。

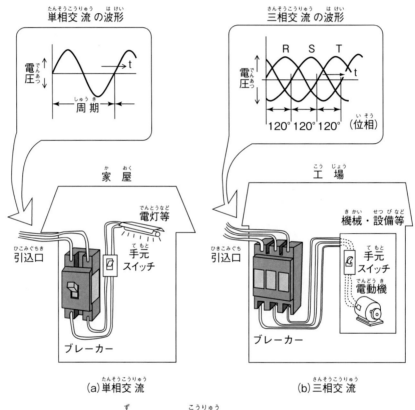

図 4-11-2　交流とブレーカー

(3) コンセント（図4-11-3 参照）

　電動工具を使う時は，プラグをコンセントに接続して，これを電源として使用する。工場では荒い使い方をしてコンセントが損傷したり，ほこりや水によって絶縁が悪くなったりするケースがある。

　絶縁の悪化から感電を防止するためにアース（接地）する。アースにはアース端子やアース極のあるコンセントが使われている。電動カッター，電気ドリル，携帯用か

くはん機等の電動工具を使う場合は，漏電による感電事故を防ぐためにアース極のあるコンセントから電気を供給することが大切である。

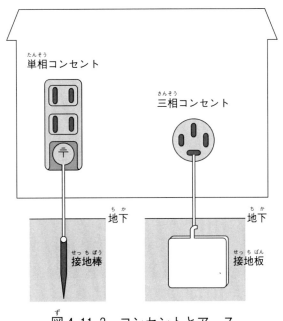

図4-11-3　コンセントとアース

（4）　リレー

　　小電力の入力により大電力のオン・オフをコントロールするための電気（電子）部品である。複数のリレー回路を組み合わせることにより機械の制御等に使用される制御盤となる。大意では，コンピューターも超大規模リレー回路といえる。大きく分けて，機械仕掛けで動作する「メカニカルリレー」と半導体で構成された「ソリッドステートリレー」がある。

4．照明，ランプ
（1）　照明

　　照明用電灯には，蛍光灯，白熱灯，LED照明器具，水銀灯等がある。蛍光灯は白熱灯に比べて消費電力が少ないという利点がある。照明の強さを照度といい，単位はルクス（lx）を用いる。労働安全衛生規則により作業をする場所ごとの最低の照度が決められており，精密な作業をする場所では300（lx）以上，普通の作業では150（lx）以上などとなっている。また，JIS照度基準によれば，一般の製造工場などでの普通の視作業を行う場所では500（lx）以上，繊維工場や印刷工場，化学

工場などでの細かい視作業をする場所では750（lx）以上などの推奨照度が示されており，これらを作業場の照度設定の参考にしていることがある。

【参考】殺菌灯：
① 原料処理室，原料内保管庫室等に殺菌を目的として設置された放電管である。
② 放電管から発生した紫外線に殺菌効果がある。一般的に，低圧水銀灯が使われている。

⑵ ランプ
　　機械，設備には，運転の状況を表示するランプが使われている。例えば，運転時には点灯，停止時は消灯する場合などがある（機械，設備により異なるのであらかじめしっかりと確認しておくこと）。ランプの色や点灯・消灯により，機械，設備が現在稼働しているかどうかを知ることができる。

5．電気回路のチェック
　　電気回路のチェックは，テスター（回路試験器）（図4-11-4参照）を用いて行うのが一般的である。テスターは，電気回路に電気が供給されているか，電圧はいくらか，交流か直流か，電線が断線しているか等をチェックできる（図4-11-5参照）。

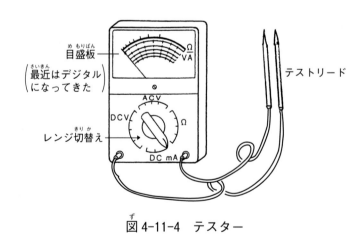

目盛板
（最近はデジタルになってきた）
レンジ切替え
ACV
DCV
Ω
DC mA
Ω
VA
テストリード

図4-11-4　テスター

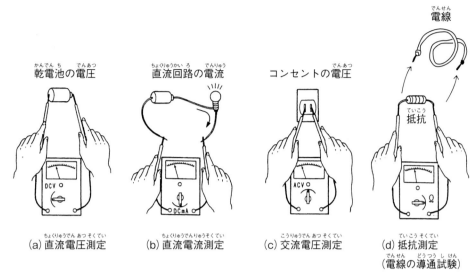

乾電池の電圧　　　　　直流回路の電流　　　　コンセントの電圧　　　　　　　　　電線

(a) 直流電圧測定　　　(b) 直流電流測定　　　(c) 交流電圧測定　　　(d) 抵抗測定
（電線の導通試験）

図4-11-5　テスターの各種測定

6. 電動機【2級関連】

　電動機とは，一般的にはモーターとも呼ばれ，電気エネルギーを力学的なエネルギーに変えるものである。電動機には直流電動機と交流電動機がある。電動機は，食肉製品の製造工場においても，チョッパー，カッター，ミキサー，スライサーなど，さまざまな製造機械に用いられている。電動機には電圧，電流，交流における相数，周波数などに関する使用条件・限度が定められており，これらの適正条件のことを定格という。電動機を使用する場合には，定格電圧や定格電流を守って使用する必要があり，もしも電動機を定格以上の条件で使用した場合，モーター温度の上昇（発熱）や，焼損などにつながる恐れがある。

7. 電線とヒューズ【2級関係】

　電線とは，電流を通して送るための金属線のことである。銅や銅合金，アルミニウムなどの導電体を線状にしたものであり，絶縁のために被膜（絶縁体で覆う）して使用されることが多い。電線にはさまざまな種類があり，発電所や変電所から，工場へ電力を供給されるために用いられているほか，工場内の電気機器の内部配線にも使用されている。電線自体にも電気抵抗があり，電流を流すと発熱し，絶縁被覆が溶解したり，場合によっては発火する恐れもあることから，許容電流が定められている。用途により適切な許容電流値の電線を選定する必要がある。

　ヒューズは，電気回路や機器の保護のために使用されている。電気回路に過大な電

流が流れた場合，電線が焼け，火災を起こす恐れなどがある。このため，ヒューズは，過大な電流が流れると，ヒューズ自身が溶断して電流を遮断し，電気回路上の電線や機器が発火するなどの事故を防ぐ機能がある。ヒューズには，流すことが出来る最大電流として定格電流が定められ，それがヒューズに表示されている。ヒューズには，定格を超えた電流から電気回路を保護するもののほか，周囲もしくはそれ自体の温度が定格を超えた場合に回路を遮断し，機器や周囲の安全を保護する温度ヒューズなどがある。電気を安全に使用するために，使用している電流に応じたヒューズを適切に選定することが重要である。

第4章　確認問題

以下の問題について，正しい場合は○，間違っている場合は×で解答しなさい。

1．ピックルインジェクターは原料肉を解凍する機械である。

2．チョッパーは通常1枚のプレートだけで原料を細切りする。

3．カッターは，原料肉を細切りすることで肉中から筋肉構造たん白質を引き出す。

4．充てん機には，空気圧式，油圧式及び電動式などがある。

5．スモークハウスは，乾燥，スモーク，蒸煮，冷却（シャワーによる）等の工程を自動的に行い，同時に温度，湿度，時間等を記録できる設備である。

6．ロータリーカッターは，天然腸等に充てんしたソーセージ類を1本ごとに切り離す装置である。

7．組合せ計量機は，形と重量が同じ製品の数を計算する機械である。

8．食肉製品を製造する機械では，水を多く使用するため，アースは不要である。

9．200V，3Aで動作している電動器具の消費電力を計算しなさい（単位kW）。

10．100Vの電圧を加えると2Aの電流が流れる電動器具の電力(W)と，この電動器具を5時間使用した場合の電力量（kWh）を計算しなさい。

11．電動機に100Vの電圧を加えて4時間使用した。この際，電力量を1.2kWh消費した時の電流(A)を計算しなさい。

第4章　確認問題の解答と解説

1．× （理由：ピックルインジェクターは原料肉にピックルを注入する機械であり，原料肉の解凍には関係しない。）

2．× （理由：1枚のプレートと1個の刃で構成される1段挽きのほか，3枚のプレートと2個の刃で構成される3段挽きのタイプも用いられる。）

3．○

4．○

5．○

6．○

7．× （理由：組合せ計量機は，形や重さの異なる食品を高速で計量する機械である。）

8．× （理由：漏電の恐れがあるため，必ずアース（接地）する。）

9．電力＝電圧×電流。200V×3A＝600W。600Wは0.6kWとなる。

10．電力は，電圧×電流　よって，100V×2A＝200W
　　電力量は，電圧×電流×時間　よって100V×2A×5h＝1000Whであり，
　　1000Wh＝1kWhとなる。

11．電力量は，電圧×電流×時間であるので，電流は，電力量÷（電圧×時間）である。問いの1.2kWhは，1200Whと言い換えられる。
　　よって1200Wh÷（100V×4h）＝3Aである。

第5章　品質管理及び衛生管理

　ハム・ソーセージ・ベーコンは，各工程が安全で安定した状態で製造しなければならない。本章は，その状態を作り出し，維持するために必要な品質管理，衛生管理に関する専門知識・技能を習得することを目標にしている。

第1節　品質管理

1. 品質管理とは

　「品質管理」は，製品の品質や安全性に関して，お客様，消費者の要求を十分に満たした製品を安定的に製造する上で，欠かせない活動である。

　「品質管理」の目的は，顧客満足の向上にある。

⑴　PDCAサイクル（図5-1-1参照）

　品質管理を進める上で欠かせない手法として，Plan（計画），Do（実行），Check（評価），Act（改善）がある。このコントロールの輪を回し，目標を高めながら継続的に改善することが重要になる。（表5-1-1参照）

表5-1-1　PDCAの意味合い

Plan	目的，目標を決め，それに基づいて「標準」を設定する。
Do	「標準」を徹底し，そのとおりに行う。
Check	作業の結果を「標準」と比較し，良否を判定する。
Act	「標準」から外れている場合や改良の余地がある場合は，原因を調べて処置をとる。同時に「標準」も再検討する。

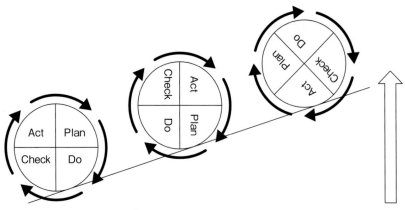

図 5-1-1　PDCA サイクル

(2)　品質管理データ

品質管理がうまくまわっているかを調べる Check 工程では，データとなる記録が必要である。記録が取られていれば，各工程で異常が生じていないかを調べることができる。また，異常が起きたときには原因究明し，速やかに改善措置をとることができる。そのため，記録は事実を正しく残すことが求められる。

(3)　品質管理データの "ばらつき"

実際に測定される製品の品質は，期待される値（一般には平均値）を中心にしてばらついているのが普通である。ばらつきの原因は2つあって，偶然によるものと異常によるものである。異常原因を排除して，不良品の出ない，安定した製造状態を保つようにする。

出来上がった製品のばらつきに影響を及ぼすものに，次の5Mがある。

◆　原材料（Material）のばらつき
◆　製造機械器具（Machine）のばらつき
◆　作業者（Man）のばらつき
◆　作業方法（Method）のばらつき
◆　検査，測定（Measurement）のばらつき

(4)　現場で用いられる統計的手法

現場でよく用いられる品質管理の手法に，「QC 7つ道具」がある。チェックシート，パレート図，管理図／グラフ，ヒストグラム，特性要因図，散布図，層別である。いずれも，データ・事実を集め，対処するための手法である。これらを活用して製造現場の問題を解決する。

① チェックシート

現場でデータを収集しやすいように，あらかじめデータを記入する枠や項目名などを書き込んだ用紙

② パレート図

不良率やクレーム件数などを，その原因別・状況別に分類し，データ数の大きい順に並べ，棒グラフと累積曲線を組み合わせた図

③ 管理図／グラフ

データの時間的推移を表したグラフに，中心線と上部・下部管理限界線を加えたもの

④ ヒストグラム

ばらつきをもった量的なデータについて，全体の正しい姿を把握するために，区間ごとの出現度数に比例した面積の柱を並べた図

⑤ 特性要因図

結果（特性）に対する原因（要因）の関係を，矢印を使って大骨，中骨，小骨，・・・というように書き表した図

⑥ 散布図

対応した2つの変量の関係を調べるために，データ打点して視覚的に表した図

⑦ 層別

機械別・作業別や原料別など，データの特徴に着目していくつかのグループ（層）に分けてデータを解析し，層による違いを調べる考え方

2. 官能検査

食肉製品の品質特性を総合的に判定するには，人の感覚（視覚，触覚，嗅覚，味覚）に基づく官能検査が最も一般的である。官能検査員の判断能力に個人差があること，官能検査員の主観が入りやすいことなどの欠点はあるが，熟練した技術者の判定は相当に信頼性が高い。

食肉製品の官能検査の方法は，「外観，色沢，肉質，香味」の4項目について評価する方法が一般的である。不備となる欠陥項目を定め，その欠陥の大きさや数がいくつあるかによって評価する方法もある。欠陥項目の例を以下に示す。

外観：汚れ，損傷，整形不良，カビ，ネト発生　など
色沢：発色不良，変退色，発色むら，赤肉の血斑　など
肉質：離水，結着不良，気泡，空洞　など
香味：異味，異臭（脂肪酸化による），熟成風味不足　など

3. 成分等の検査方法

一般成分の検査方法は，主に，JAS規格と食品表示基準に定める栄養成分検査方法が用いられる。食肉製品の成分規格に関わる細菌検査，物性検査の検査方法は，食品衛生法で公定法が示されている。

(1) 一般成分（表5-1-2 参照）

表5-1-2　一般成分の検査方法

検査項目	主な検査方法
水分	常圧加熱乾燥法
たん白質	燃焼法，ケルダール法
脂質	ソックスレー抽出法
灰分	直接灰化法
食塩相当量（ナトリウム）	原子吸光光度法でナトリウム含量を求め，定数を掛けて食塩相当量を算出する。
炭水化物	試料の重量から，水分，たん白質，脂肪及び灰分量を差し引く。
熱量（エネルギー）	定量にしたたん白質，脂質及び算出した炭水化物の量に次の係数を乗じたものの総和 たん白質 4 kcal/g，脂質 9 kcal/g，炭水化物 4 kcal/g

(2) 細菌検査（表5-1-3 参照）

表5-1-3　食品衛生法の検査方法

検査項目	食品衛生法の検査方法
E.coli	EC培地法
大腸菌群	BGLB培地法
黄色ブドウ球菌	直接平板塗抹法
サルモネラ属菌	増菌培養法
クロストリジウム属菌	パウチ法
リステリア・モノサイトゲネス	酵素基質培地を使った定量法

(3) 物性検査（表 5-1-4 参照）

表 5-1-4　物性に検査方法

検査項目	検査方法
pH	直接法または水抽出法
水分活性	電気抵抗式またはコンウェイユニット法

4. 品質管理の方法

　　品質は工程で作り上げることが原則である。各工程で基準どおりに実施できたかを確認するために，記録が重要となる。

(1) 原材料管理

　　原料肉の受入れ段階では，原料肉に表示されている温度以下であるか，賞味期限内であるか，外装（ダンボール）に汚れや破損がないか等を確認する。異常のないものは速やかに冷蔵庫又は冷凍庫に運び入れて，温度上昇を防ぐ。ケーシングや添加物などの資材についても同様に，適正なものであるかを受入れ段階でチェックする。

(2) 工程管理

　　工程管理で最も重要なことは微生物制御である。原材料受入れから製品保管までの各工程で微生物を「持ち込まない，付けない，増やさない」ように管理する。微生物を「増やさない」ために考慮すべきは，「温度」と「時間」である。工程ごとの管理基準の設定と維持及び工程間の連携を図ることによって，顧客要求に即した品質の製品を作り上げる。

(3) 製品管理

　　最終製品は，製品分類ごとの成分規格（E.coli，黄色ブドウ球菌，亜硝酸根等）が食品衛生法に適合しているか，自社基準に適合しているかを検査によって確認する。製品に表示する賞味期間が適切であるかについても，保存試験によって確認する。

第2節　衛生管理とHACCP

1.　5S活動

　5S活動は，食品の安全を確保する上で基本となる。

　5Sは「整理」，「整頓」，「清掃」，「清潔」，「しつけ・習慣」であり，5つをローマ字にしたとき（Seiri, Seiton, Seisou, Seiketsu, Shitsuke Shuukan）の頭文字の「S」をとって5Sという。この活動の目的は「清潔」で，食品に悪影響を及ぼさない状態を作ることにある。

【参考】5Sとは

整理	いらないモノを撤去する。
整頓	置く場所を決め，管理する。
清掃	汚れがない状況にする。
清潔	整理，整頓，清掃ができていて，きれいな状態を保つ。
しつけ・習慣	ルールを伝え，ルールどおりに実施することを習慣化する。

2.　施設・設備等

　食肉製品は，製品の微生物制御，異物混入防止のために，清潔な施設で，衛生的な原材料及び機械器具を用いて，清潔な作業従事者によって製造する。

(1)　施設・環境

　施設の内壁，天井及び床は，常に清潔に保つ。施設内に不必要な物品等を置かない。窓及び出入口は，開放しない。施設内は取り扱うモノの衛生状態に応じて，汚染作業区域，準清浄作業区域，清浄作業区域に分けられる。

【参考】一般的な清浄度区分
・汚染作業区域…原材料受入れ場所，原料肉の整形・細切・混合などの作業室
・準清浄作業区域…くん煙，蒸煮などの加熱処理室
・清浄作業区域…製品冷却室，包装室

(2)　食品取扱設備等の衛生管理

　微生物による汚染，殺菌剤などの化学物質や金属などの硬質異物の混入を防ぐためには，次のことがポイントとなる。
① 機械器具及び分解した機械器具の部品の洗浄，消毒，保管場所の特定

② 洗剤を使用するときの適正な濃度
③ 温度計などの計器類の定期的な点検
④ まな板，ナイフ等の十分な洗浄消毒
⑤ 洗浄剤等の適切な使用，保管。容器への内容物の表示
⑥ 清掃用具の洗浄，乾燥，専用の保管場所での保管
⑦ 手洗設備の衛生的な維持管理

(3) 異物混入の防止

　異物が混入した食品を食べることによって，人の健康に直接悪影響を及ぼす場合がある。健康上の問題はなくても，不安感を引き起こしたり，気分を悪くすることもある。

　食品クレームの原因としては，異物混入が大きな割合を占めている。

① 異物混入クレームの原因

　ハエ，昆虫，ヒトや動物の毛髪，プラスチック片，輪ゴム，糸くず，金属片，ガラス片，機械の部品，食肉の骨　など

② 異物となりやすい私物

　タバコ，ライター，カギ，医薬品，飲食物，指輪，イヤリング　など

【参考】毛髪の混入クレーム対策：
・製造工程で混入する毛髪のほとんどは，その時点で抜け落ちたものではなく，抜けた後に帽子や作業着に付いたものが混入する場合が多いので，入室するときに取り除くことが重要である。
・帽子やネットは正しく着用する。

3. 使用水の衛生管理

　水道水以外の水を使用する施設では，年1回以上水質検査を行う。また，殺菌装置又は浄水装置が正常に作動しているかを定期的に確認する。貯水槽は定期的に清掃する。

4. そ族（ねずみ）及び昆虫対策

　ねずみや害虫を施設に侵入させないように，また，施設内で発生させないようにするために，次のことに注意する。
① 窓，ドア，吸排気口の網戸，トラップ，排水溝の蓋等を設置する。
② 年2回以上，そ族及び昆虫の駆除作業を実施する。

③　原材料，製品，包装資材等は容器に入れ，床又は壁から離して保管する。開封したものは，蓋付きの容器に入れて保管する。

5.　廃棄物及び排水の取扱い

廃棄物の容器は，他の容器と明確に区別し，汚液又は汚臭がもれないように常に清潔にする。

6.　作業従事者の衛生管理

作業従事者は，製品を汚染させたり，異物を混入させないように，次のことを守る。
①　検便を受ける指示があったときには，それに従う。
②　下痢，腹痛，発熱等の症状を呈しているときは，責任者に申し出て，医師の診察を受ける。
③　衛生的な作業着，帽子，マスクを着用し，作業場内では専用の履物を用いる。トイレにはそのまま入らない。
④　指輪等の装飾品，腕時計などを施設内に持ち込まない。
⑤　常に爪を短く切り，マニキュア等は付けない。作業前，用便直後及び汚染された材料等を取り扱った後は，必ず十分に手指の洗浄及び消毒を行い，使い捨て手袋を使用する場合には交換する。
⑥　食品の取扱作業中に手又は食品を取り扱う器具で髪，鼻，口又は耳に触れない。喫煙しない。防護されていない食品上でくしゃみ，咳をしない。

7.　作業従事者に対する教育訓練

作業従事者は，上記5の①から⑤を含め，食品衛生上必要な事項に関する衛生教育を受ける。

8.　食品衛生管理者

食肉製品製造施設では，製造又は加工を衛生的に管理させるため，その施設ごとに，専任の食品衛生管理者を置かなければならない。食品衛生管理者は，厚生労働省が管轄する国家資格による有資格者である。

9.　HACCP

HACCPとは，食品等事業者自らが食中毒菌汚染や異物混入等の危害要因（ハザード）を把握した上で，原材料の入荷から製品の出荷に至る全工程の中で，それら

の危害要因を除去又は低減させるために特に重要な工程を管理し，製品の安全性を確保しようする衛生管理の手法である。

(1) HACCPで運用管理すること

HACCPでは，生物的，化学的，物理的という3つの危害要因（ハザード）を管理する。ハザードは健康に悪影響をもたらす原因となる可能性のある食品中の物質又は食品の状態のことをいう。

【参考】生物的，化学的，物理的危害要因

生物的危害	サルモネラ，病原大腸菌，カンピロバクター等
化学的危害	抗生物質，殺菌剤，アレルゲン等
物理的危害	硬質異物（骨，金属等）

(2) HACCP 7原則12手順

HACCPプランの作成は，コーデックスガイドラインにしたがい，次の12手順に沿って行う。このうち，手順1〜5は手順6危害分析（原則1）を実施するための準備である。原則1から原則7は安全な食品を確保するための必須事項である。危害分析はHACCPプラン作成の基本となる。

手順1　HACCPチームの編成
手順2　製品の記述
手順3　意図される使用方法の確認
手順4　製造工程一覧図及び施設の図面の作成
手順5　現場確認
手順6　危害分析（原則1）
手順7　重要管理点（CCP：Critical Control Point）の設定（原則2）
手順8　管理基準の設定（原則3）
手順9　モニタリング方法の設定（原則4）
手順10　改善措置の設定（原則5）
手順11　検証方法の決定（原則6）
手順12　記録保存及び文書作成規定の設定（原則7）

① 危害分析（原則1）

原材料に由来するものや工程の中で発生する可能性があるものを列挙し，それ

らに対する管理手段（方法）を挙げる。微生物を制御するためには，予防（持ち込まない，つけない，増やさない）又は除去・低減する対策が必要となる。

② **重要管理点（CCP）の設定（原則2）**

危害分析の結果，明らかにされた危害の発生を防止するために，特に重点的に管理すべき工程のこと。必ず管理しなければならない箇所に限定し，その管理を集中させる。

（例）病原微生物を加熱工程で死滅させる。金属片は金属検出器によって検出し，金属片が混入している製品を製造ラインから排除する。

③ **管理基準の設定（原則3）**

CCPの工程において守るべき基準をいう。すべてのCCPに1つ以上の管理基準を設定する。

（例）蒸煮工程における製品の中心部加熱条件として63℃，30分間以上

④ **モニタリング方法の設定（原則4）**

CCPの工程において危害の発生を防止するための措置が確実に実施されていることを確認する。連続的又は相当程度の頻度で行われることが必要とされる。

（例）蒸煮工程における自動温度記録計のチャート確認

⑤ **改善措置の設定（原則5）**

CCPにおけるモニタリングの結果，管理基準を逸脱したときに，その影響を受けた製品を排除し，管理状態を迅速かつ的確に正常に戻す。その措置をあらかじめ決めておく。

⑥ **検証方法の決定（原則6）**

HACCPによる衛生管理計画が適切に機能していることを，継続的に確認，評価する。

（例）蒸煮工程で使用する温度計の校正，製品等の試験検査

⑦ **記録保存及び文書作成規定の設定（原則7）**

記録はHACCPを実施した証拠である。同時に，製造した食品の安全性にかかわる問題が生じた場合に製造工程や衛生管理の状況をさかのぼり，原因追及するための手助けとなる。そのため，記録のつけ方と保存方法をあらかじめ決めておく。

第3節　化学に関する知識

1．ハム・ソーセージ・ベーコン用原料肉及び食肉製品の主な成分

　ハム・ソーセージ・ベーコン用の原料肉及び食肉製品の主な化学的成分は，水分，たん白質及び脂肪である。ハム・ソーセージ・ベーコン用の原料肉及び食肉製品の主な成分は表5-3-1のとおりである。

表5-3-1　ハム・ソーセージ・ベーコン用原料肉及び食肉製品の主な成分

（単位：可食部100gあたり）

	エネルギー	主な成分					
		水分	たん白質	脂質 ※	炭水化物	灰分	ナトリウム
	kcal	g	g	g	g	g	mg
豚ロース赤肉	141	71.2	22.9	4.6	0.2	1.1	47
若鶏肉ささみ	109	75.0	23.9	0.8	0.1	1.2	40
骨付きハム	219	62.9	16.7	16.6	0.8	3.0	970
ロースハム	196	65.0	16.5	13.9	1.3	3.3	1,000
プレスハム	118	73.3	15.4	4.5	3.9	2.9	930
ウインナーソーセージ	321	53.0	13.2	28.5	3.0	2.3	730
ベーコン	405	45.0	12.9	39.1	0.3	2.7	800

〔※　脂質は，有機溶媒に溶ける食品中の化学物質であり，中性脂肪（＝脂肪）のほかに，リン脂質，ステロイド，脂溶性ビタミン等を含んでいる。〕

2．成分の主な性質

　食肉の主成分は水分，たん白質，脂肪である。食肉の全成分に対する割合はわずかであるが，炭水化物，ナトリウム，カルシウム，リンなどの無機質，ビタミンA，ビタミンB₁などのビタミン類が含まれている。三大栄養素の1つである炭水化物の含量が少ないのが食肉の特徴で，この点は植物性食品と大きく異なる。

(1) 水分

水は水分子の集まりで，水分子は，水素原子(H) 2 個と酸素原子(O) 1 個がつながってできている（H_2O）。水分子の構造は図 5-3-1 の通りである。

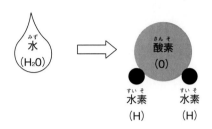

図 5-3-1　水分子の構造

原料肉中の水分は，他の物質を溶かす作用を持っている。原料肉中の水分は次の 2 つに分けられる。

① 自由水

自由水とは原料肉の細胞や細胞の間に存在し，自由に動きまわることのできる水分である。

原料肉を乾燥させたり食塩や砂糖を加えたりすると，微生物の利用可能な自由水の割合が少なくなるので，品質の劣化を防ぐことができる。したがって，食品の保存性が高まる。

② 結合水

結合水とは原料肉中の成分（たん白質等）やハム・ソーセージ・ベーコン中の食塩やたん白質等と結合している水分である。結合水は微生物が利用できない水分である。

(2) たん白質

① たん白質とは？

たん白質は，動物の体内の各器官，筋肉や骨の構成に重要な役割を果たすだけでなく，あらゆる生命の源として深く関わっている。たん白質を酸で加水分解すると，ヒトの活動に不可欠なアミノ酸を生ずる。

② たん白質の種類

原料肉の筋肉を構成しているたん白質は，表 5-3-2 のように分類される。

表 5-3-2　筋肉のたん白質の種類

分類		代表的なたん白質	食肉との関係
筋線維のたん白質	筋原線維を構成するたん白質	ミオシン, アクチン	硬さ, 多汁性
	筋細胞内に溶けて存在するたん白質	ミオグロビン	色
結合組織のたん白質		コラーゲン	硬さ

(3)　脂肪

① 脂肪とは？

　　脂肪は脂質の１つで，グリセロールと脂肪酸が結合したものである。(図5-3-2
参照）

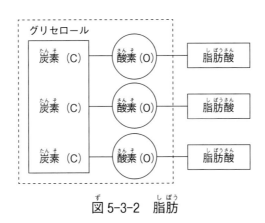

図 5-3-2　脂肪

　　原料肉に含まれる脂肪は，ヒトにとって効果的なエネルギー源である。脂肪は
原料肉や食肉製品に軟らかさや風味を与える。原料肉の脂肪を構成する脂肪酸
の大部分は，パルミチン酸，ステアリン酸，オレイン酸，リノール酸及びリノレン
酸で占められている。原料肉の脂肪の組成は，動物の種類，年齢，飼育条件，部
位等によって大きく異なる。脂肪は若い動物には少なく，肥育した牛や豚には多い。

② 脂肪の種類

　　動物の脂肪は図5-3-3のように分類される。

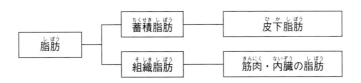

図 5-3-3　脂肪の種類

(4) 炭水化物

炭水化物にはブドウ糖（単糖類），砂糖（二糖類），でん粉（多糖類）等がある。炭水化物はヒトの食生活において最も摂取量が多く，生体にとって重要な栄養素である。原料肉中の炭水化物含量は約1％前後で，グリコーゲンとして蓄積される。ハム・ソーセージ・ベーコンに含まれる炭水化物は結着材料や調味料として加えるでん粉や砂糖類が中心である。

(5) 無機質（ミネラル）

① ミネラルとは？

ミネラルは身体を正常に維持するために必要不可欠な栄養素である。ミネラルが不足すると，様々な障害や病気の原因になる。ミネラルが身体に与える役割は次のとおりである。

・骨や歯の形成
・酵素やホルモンの作用に関与
・細胞の働きの調整　等

② ミネラルの種類

食肉には，カリウム，ナトリウム，リン，マグネシウム，カルシウム，鉄，亜鉛等のミネラルが含まれている。特に肝臓（レバー）は，鉄，亜鉛，銅，マンガン等が含まれており，優れたミネラル供給源である。

(6) ビタミン

ビタミンは微量で，主に生命維持の調節的役割を果たしている物質である。ヒトの体内では合成できず，不足すると病気になる。ビタミンには，ビタミンA，B_1，B_2，B_6，B_{12}，C，D，E，K等の種類がある。豚肉にはビタミンB_1が多く含まれている。

(7) pH

pH（ペーハー）は食材の酸性度やアルカリ度を示す指数である。pHは図5-3-4に示すように水素イオン（H^+）の量を数値にしたもので，pH：7が中性，それより高いとアルカリ性，低いと酸性となる。一般的な微生物及び原料肉由来の食中毒細菌の生育pHは5〜9であり，これより低いと微生物の生育に影響を与える。

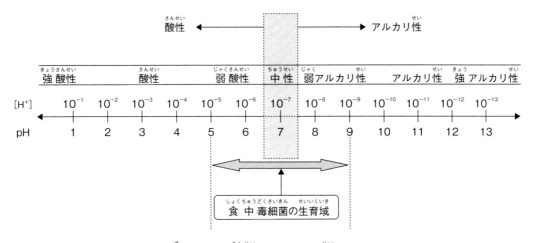

図 5-3-4　酸性，アルカリ性と pH

(8) 水分活性（Aw）

　原料肉が腐敗するのは，食品の中で細菌，酵母，カビ等が大量に増殖するためである。増殖は，自由水が増えれば加速される。つまり，水分活性が高くなれば微生物が増殖しやすくなる。日持ちの良いハム・ソーセージ・ベーコンを製造する上で，水分活性のコントロールは重要な要因である。

以下の問題について，正しい場合は○，間違っている場合は×で解答しなさい。

1. 品質管理は，製品を安全に製造するために必要な活動である。

2. 品質管理がなされていれば，製品にばらつきはない。

3. 官能検査は，人によって評価が違うので信頼できない。

4. 製造工程で，基準どおりに実施できたかを確認するためには，記録が必要である。

5. 作業従事者が指輪や腕時計を外して施設内に入る意味は，製品に異物を混入させないためである。

6. HACCPでは，毛髪や紙なども物理的危害として管理しなければならない。

7. HACCPのCCP工程は重点的に管理すべき工程に設定する。

8. 食肉の主成分は水分，たん白質，脂肪である。

9. たん白質は酸で加水分解すると，ヒトの活動に不可欠な脂肪酸を生ずる。

10. 水分活性が高くなれば微生物が少なくなる。

第5章　確認問題の解答と解説

1. ○

2. ×（理由：製品の品質はばらついているのが普通である。）

3. ×（理由：熟練した技術者の判定は信頼できる。）

4. ○

5. ○

6. ×（理由：HACCPでは，健康に悪影響をもたらす危害を管理する。）

7. ○

8. ○

9. ×（理由：アミノ酸を生じる。）

10. ×（理由：水分活性が高くなると微生物は増殖しやすくなる。）

第6章　安全作業と食品衛生

第1節　安全作業

1. 作業時の心構え

現場で作業する者は安全衛生に心掛けなければならない。特に，けがなどの労働災害を起こさないために，機械や器具の安全な使い方や原材料に関する注意点について良く知っておくべきである。なお，日本の労働安全衛生法関係法令では，事業者が危険を防止するための必要な措置を取ることを法律で義務付けられているが，事業所で働く労働者についても，この措置に応じて必要な事項を守るよう義務付けられている。

【参考】安全教育受講のポイント：

① わからないこと，疑問に感じたことは，すぐに質問して理解する。

② 教わったことはメモして，しっかり覚える。

③ 実際にやってみて，やり方に誤りがあったら直してもらう。

④ くり返し練習して，体で覚える。

---

2. 仕事と安全

【事故はなぜ起こるのか？】

事故やケガは「不安全な状態」と「不安全な行動」が重なることにより発生する（図6-1-1参照）。

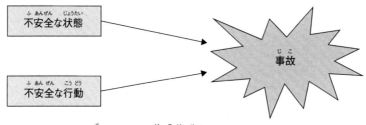

図6-1-1　事故発生のメカニズム

・「不安全な状態」とは：機械・設備等に不具合や欠陥があるなど，事故が発生する可能性がある状態や，事故の発生原因が作り出されている状態のこと。

・「**不安全な行動**」とは：決められた作業手順やルールを守らずに作業するなど，労働者本人または関係者の安全を阻害する可能性のある行動（自分自身や，周りの作業者がケガや事故を起こす可能性がある行動）を，意図的に行う行為のこと。

① 「**不安全な行動**」の例（**図6-1-2，図6-1-3参照**）

　　　作業の途中で，肉や製品が，機械の部品のすき間に引っかかったり，はさまったりした場合に，その肉や製品を取り除こうとして，自分の手や指を機械の回転部分へ近づけるなどの行動は不安全な行動であり，大変危険である。

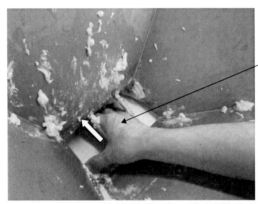

ドラムの回転部分への手指の接近
・巻き込まれる危険あり
・安全バーで手が入らないようになっている

図6-1-2　不安全行動の例（骨肉分離機の内部に手を近づけすぎた）

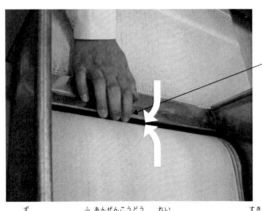

コンベアの回転部分とバーとの隙間への指の接近
・指先を巻き込まれる危険あり
・わずかな隙間だが，指先欠損につながる危険があるので要注意

図6-1-3　不安全行動の例（コンベアの隙間に手の指を近づけすぎた）

② 「**不安全な状態**」と「**不安全な行動**」が重なる例

　　　工場の安全通路の上に，工具箱が放置されていた（「不安全な状態」）。急ぎの仕事があり，通路の上を走ってしまった（「不安全な行動」）。この時，工具箱に足が引っかかり転倒し，足を骨折してしまうなどの可能性がある。

この例の場合，安全通路に工具箱が放置されていたという「不安全な状態」に加えて，従業員がその通路の上を走ったという「不安全な行動」が重なって，従業員が転倒するということである。事故を防ぐために，このような「不安全な状態」や「不安全な行動」をなくすことが必要である。

【参考】転倒しないための安全ルール：
① 作業者は工場内を走らない。
② 作業者は足元に注意する（物の放置，床のすべり，段差）。

(1) 加工機械，原材料等の取扱い方法
　a．機械の取扱い
　　　ハム・ソーセージを製造する場合，各作業工程で多くの機械・器具等を使用する。これらの機械・器具の構造は一般的に単純であるが，取扱いを誤ると危険なものが多いので注意する（表6-1-1参照）。

表6-1-1　主な機械・器具の取扱い上の注意

機械・器具名	作業名	危険箇所	予測されるケガ	取扱い上の注意点
ナイフ（包丁）	整形	・刃の部分	・切創	・刃の方向に手を置かない。 ・ナイフを人に向けない。 ・ナイフを落とさない。 ・保護具（切創防止手袋）を着用する。
チョッパー グラインダー ミンサー 【図6-1-4参照】 【図6-1-5参照】	ミンチ	・ナイフ回転部分 ・スクリュー部分	・刃による指の切断 ・巻き込まれによる手指の切断	・動いている間，回転部分に手指を近づけない。停止ボタンを押しても，しばらくは回転が止まらない（これを"惰性回転"という）ので注意すること。 ・プレートの穴に指を入れない。 ・スクリュー部分に肉を

機械名	作業	危険箇所	危険性	安全対策
				押し入れる時，押し棒などの道具を使用する（手では行なわない）。 ・保護具（切創防止手袋）を着用する。
ミキサー 【図6-1-6参照】 カッター 【図6-1-7参照】	味付け	・羽根部分 ・刃の部分	・巻き込まれによる手指の切断 ・高速回転刃による切断	・動いている間，回転部分に手指を近づけない。 ・作業中に誤って機械を動かさないよう，必ず一人で作業することとし，複数人で作業しない。 ・ミキサー，カッターの中の肉類をかき出す時は，停止ボタンを押した後，惰性回転が止まり，機械が停止したことをしっかり確認してからかき出す。 ・刃の部分には，手指を近づけない。 ・保護具（切創防止手袋）を着用する。
ボイル槽 ホイストクレーン 【図6-1-8参照】 【図6-1-9参照】	加熱	・熱湯 ・玉掛け	・火傷 ・落下	・保護具（耐熱手袋）着用 ・ヘルメット着用 ・クレーンの操作及び玉掛け作業には法定の資格が必要
反転機	反転	・反転部分	・挟まれによる切断，骨折 ・ワゴンの落下による切断及び骨折	・安全装置の作動確認 ・指差し呼称によるワゴン装着の確認 ・安全柵内の無人の確認
枠台車 【図6-1-10参照】	運搬	・枠部分 ・回転部分	・挟まれによる切断 ・狭まれによる切断	・枠台車の運搬は，取っ手を持つ。

コンベア			・回転部分には手指を近づけない。

　また，労働安全衛生法関係法令では，２メートル以上の高さの場所（作業床の端，開口部等を除く）での作業を高所作業とし，作業者に転落・墜落などの危険を及ぼすおそれのあるときは，足場を組み立てる等の方法により作業床を設けなければならないなどの決まりがある。

【参考】機械取扱い上の安全ルール：
① ナイフ等刃の部分には手指を近づけない。
② 回転部分には，手指を近づけない（回転部分は機械を停止した後も惰性で動く）。
③ 巻き込まれ，挟まれる危険のある部分には，手指を近づけない。
④ 熱湯，蒸気，刃物に注意して，必ず保護具を着用する。
⑤ 重量物の落下に注意する。

a）チョッパーのヘッドをはずす時の注意点（図6-1-4参照）

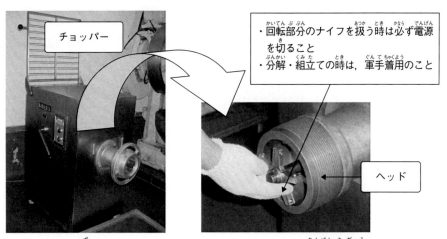

チョッパー

・回転部分のナイフを扱う時は必ず電源を切ること
・分解・組立ての時は，軍手着用のこと

ヘッド

図6-1-4　チョッパーのヘッドはずしの安全作業

b）チョッパーのスクリュー部分に肉を送る時の注意点（図6-1-5参照）

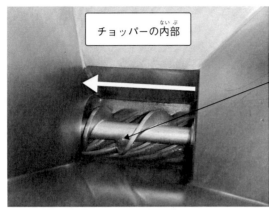

チョッパーの内部

・矢印の方向に肉が送られるので，ここに手指を巻き込まれないこと

図6-1-5　チョッパーのスクリュー部分の安全作業

c）ミキサーのミキシング作業時の注意点（図6-1-6参照）

【ミキサーの羽根部分】
・ミキシングパドル（羽根）に手を巻き込まれないようにすること
・手を入れる時は必ず電源を切って機械を停止し，羽根が止まったことを確認してからにすること

ミキサー

図6-1-6　ミキサーの安全作業

d）カッターのカッティング作業時の注意点（図6-1-7参照）

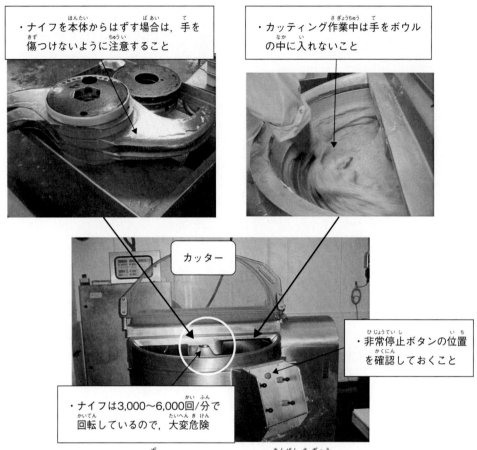

・ナイフを本体からはずす場合は，手を傷つけないように注意すること

・カッティング作業中は手をボウルの中に入れないこと

カッター

・非常停止ボタンの位置を確認しておくこと

・ナイフは3,000～6,000回/分で回転しているので，大変危険

図6-1-7　カッターの安全作業

e）ボイル槽作業時の注意点（図6-1-8 参照）

ボイル槽

・ボイル槽に直接手を入れないこと
・槽内の温度を常に確認すること
・突然の熱風に注意すること

図6-1-8　ボイル槽の安全作業

f）玉掛け・クレーン作業時の注意点（図6-1-9 参照）

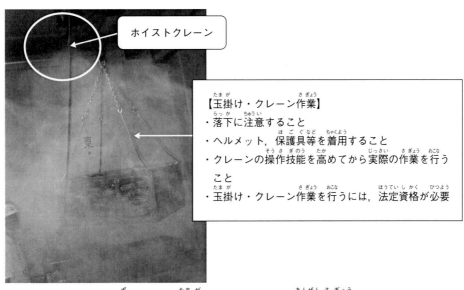

ホイストクレーン

【玉掛け・クレーン作業】
・落下に注意すること
・ヘルメット，保護具等を着用すること
・クレーンの操作技能を高めてから実際の作業を行う
　こと
・玉掛け・クレーン作業を行うには，法定資格が必要

図6-1-9　玉掛け・クレーンの安全作業

g）枠台車運搬時の注意点（図6-1-10参照）

・運搬時には必ず取っ手部分を持って作業すること
・台車の枠を持つと，枠と枠の間に指を挟んで切断する恐れがあるので注意すること

図6-1-10　枠台車の安全作業

b．原材料等の取扱い

　　ハム・ソーセージ・ベーコンの原料肉（豚肉，牛肉，鶏肉など）や，でん粉などの原材料には重いものが多い。これらを段ボール箱や袋から取り出す時や，運搬する際などには，腰痛の予防や，落下によるケガ防止のため，重量物として，注意して扱う必要がある。

> 【参考】作業場の注意点：
> ①　すべりやすく落としやすいので注意する。
> ②　腰痛予防のため，重い原材料を持ち上げる際，姿勢に注意する。

(2)　安全装置または保護具の取扱い方法

　a．安全装置の取扱い

　　機械設備には，事故を防ぐために「安全装置」や「安全カバー」が付けられている。「安全装置」や「安全カバー」は過去の事故を教訓にしているので，これをはずしたり，動かないようにしたりして作業してはならない。

> 【参考】安全装置取扱い上の注意点：
> ①　安全装置，安全カバーを勝手にはずしたり，改造したりしない。
> ②　安全装置，安全カバーが故障，破損した時はすぐに実習指導員に申し出て，直してもらう。
> ③　始業前に安全装置を点検する。

a）安全装置の具体例（図 6-1-11 参照）

反転機

・このリミットスイッチが
セットされないと機械が
動かない仕組みになって
いる

・この鎖によって人の侵
入を防止している

図 6-1-11　安全装置(1)

b）安全カバー（図 6-1-12 参照）

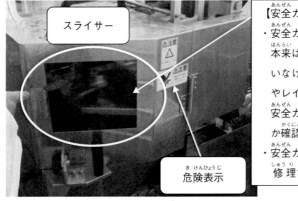

スライサー

【安全カバーはずし】
・安全カバーが取りはずされている。
本来はこの部分に安全カバーが付いて
いなければならない。製造機械の移設
やレイアウト変更をした際などは、
安全カバーの取り付けを忘れていない
か確認すること。
・安全カバーが破損した場合は、すぐに
修理すること。

危険表示

図 6-1-12　安全装置(2)

b．服装と保護具

a）服装（図 6-1-13 参照）

　ハム・ソーセージ等を製造する時に重要なことは，「衛生的」に作業すること
である。このため，作業者は絶えず衛生に気を付けなければならない。特に異
物混入の原因となる服装については，次の点を厳守しなければならない。

2. 帽子

1. 作業服

3. 長靴

4. 前掛け

図 6-1-13　作業時の服装

【参考】製造作業時の服装：

1. 作業服

① 上着のボタンやファスナーは，きちんと留める。

② 体毛などの異物混入を防ぐため，袖をまくり上げない。

③ ズボンは，必ずベルトをする。

④ 常に清潔に心掛け，汚れた場合はクリーニングに出し，交換する。

⑤ ポケットには，作業に必要なもの以外は入れない。

2. 帽子・ヘアーネット

① 作業場に入る時は必ずヘアーネットを付け，所定の帽子を着用する。

② 髪の毛がヘアーネット・帽子から出ないように注意する。

③ 作業場内（更衣室以外）では，ヘアーネット・帽子をとらない。

3. 長靴・安全靴

① 運搬作業または重量物を扱う作業者は，安全靴を着用する。

4. 前掛け

① 製造部門の作業者は，前掛けを着用する。

② 熱湯を扱う作業者は，長靴に熱湯が入らない長さのものを着用する。

b）保護具

　ハム・ソーセージ製造で用いられる保護具の例は次の通りである（表6-1-2，図6-1-14参照）。

表6-1-2　保護具の例

保護具	使用時	使用目的
① ヘルメット	クレーン玉掛け作業 高所作業 フォークリフト運転	・落下物から頭を守るため。 ・高所からの落下から頭を守るため。 ・フォークリフトの横転時等に頭を守るため。
② 耐熱手袋	ボイル槽作業	・火傷防止のため。
③ 耳栓	騒音管理区分	・難聴予防のため（騒音管理レベルに応じて着用する）。
④ イヤーマフ	Ⅰ・Ⅱ・Ⅲ	
⑤ ゴーグル		・洗剤，アルコール，次亜塩素酸ナトリウム，苛性ソーダ等から目，皮膚等を守るため。
⑥ マスク	薬剤使用時	
⑦ 手袋		
⑧ 切創防止手袋	刃物取扱い時	・刃物によるケガを防ぐため。

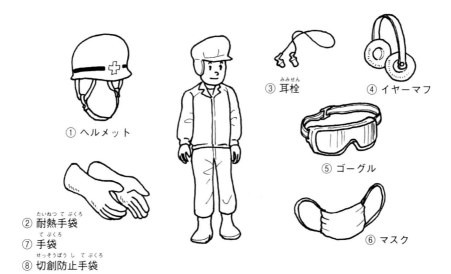

① ヘルメット

② 耐熱手袋
⑦ 手袋
⑧ 切創防止手袋

③ 耳栓　　④ イヤーマフ

⑤ ゴーグル

⑥ マスク

図6-1-14　保護具の着用

3. 作業手順（作業標準）

「安全に・よい品質の製品を・安いコストで・能率よく」生産するために，企業は通常，作業手順書を作成している。作業手順書には安全面を十分考えた上で決められた手順が記載されており，作業者は，この作業手順書にしたがって作業を行わなければならない。

例えば，チョッパーを用いた肉のミンチ作業では，図6-1-15に示すように，要素作業や単位作業ごとの手順が示されている。

〔例：ミンチ作業〕

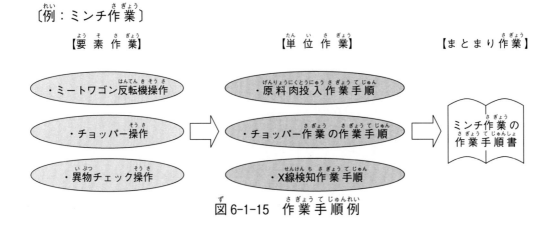

図6-1-15　作業手順例

(1) 作業開始時の点検

作業を始める前に，まず機械・設備の点検を入念に行う。点検作業は，安全を確保するためには必要不可欠である。点検で異常が発見された時は，直ちに研修指導員に報告し，指示を受けなければならない。

【参考】作業開始時の点検ポイント例：
① 配電盤の元電源のON/OFFの確認
② 安全装置及び非常停止ボタンの作動確認
③ 安全カバーの有無の確認
④ 使用する保護具の確認

(2) 5S（整理・整頓・清掃・清潔・しつけ）の維持

「安全はまず整理・整頓から」といわれるほど，職場の整理・整頓は大切である。また，整理・整頓された職場は気持ちがよく，作業効率も高まる。

【参考】 職場の５Ｓ：

① 整理《Seiri》…「必要なもの」と「必要でないもの」を区別すること。
② 整頓《Seiton》…「定位置定数管理」で，なくなったらすぐにわかるように管理すること。
③ 清掃《Seisou》…まず散らかさないよう心掛け，いつも清掃すること。
④ 清潔《Seiketsu》…「清潔な状態」を継続，維持すること。
⑤ しつけ《Shitsuke》…作業者が職場で最低限守るべきルールを身に付けること。

(3) 事故時における応急措置及び避難

不幸にも事故が起きてしまった場合にどう対処すべきかを日頃から訓練しておく必要がある。特に次の点に注意しておく。

・あわてない。一呼吸する等して落ち着くこと。
・軽はずみな行動をとって被害を大きくしないこと。
・ほかへの連絡は速やかに正確に行うこと（パニックを起こさない）。
・できるだけ実習指導員や上位職，先輩の指示に従うこと。

① 機械による事故時における応急措置

・機械の非常停止ボタンを押し，機械を止める。
・機械の電源を切る。また，ブレーカーを落とし，エアー，蒸気，ガスの元栓をしめ，機械の動力源を断つ。
・救急措置を行なう。

② 地震・火災時における対応・避難

・日頃より避難ルートを複数決めておく。
・職場単位で人員確認ができるようにしておく。
・地震時にはガス栓等を締める。
・火災の場合は直ちに上位職，実習指導員に報告し，初期消火に努める。
・消火栓や消火器の周りや，避難経路上には，物を置かないようにする。

(4) 安全衛生標識

職場には，「火気厳禁」「頭上注意」「修理中」等いろいろな標識がある。これらの標識には，危険な状態や，やってはいけないこと等が示されている。作業者は，身近にある標識の意味を理解して行動しなければならない。

① 保護具着用（図 6-1-16 参照）

騒音管理区分Ⅲ
・この作業場では、耳栓またはイヤー
　マフを着用すること

図 6-1-16　保護具着用標識

② 立入禁止（図 6-1-17 参照）

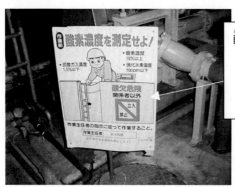

酸欠危険の注意項目
・作業実施にあたっては作業主任
　者の選任と作業主任者の表示に
　よる周知が必要

図 6-1-17　立入禁止標識

③ 清掃中（図 6-1-18 参照）
　労働安全衛生規則第107条に定められており，修理・清掃時などに，労働者に危険を及ぼすおそれのあるときは，機械の運転を停止する。

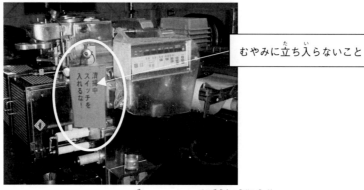

むやみに立ち入らないこと

図 6-1-18　清掃中表示

④ 危険（図 6-1-19 参照）

回転部危険表示

危険
回転中は
手を入れるな

図 6-1-20　運転禁止表示

⑤ 運転禁止（図 6-1-20 参照）

・運転しないこと

図 6-1-19　危険標識

(5) 指差し呼称

　製造現場では，作業する時に動作や安全を確認する「指差し呼称」がよく実施されている。この確認によりマンネリに伴う「うっかり」，「見落とし」等のミスを防止することができる。

① 指差し呼称の手順（一例）

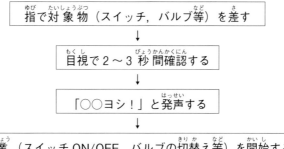

指で対象物（スイッチ，バルブ等）を差す

↓

目視で 2 〜 3 秒間確認する

↓

「○○ヨシ！」と発声する

↓

作業（スイッチ ON/OFF，バルブの切替え等）を開始する

② **指差し呼称の実施対象物**

指差し呼称の実施タイミング，対象物及び確認事項には，例として表6-1-3のようなものがある。

表6-1-3　指差し呼称の実施対象物及び確認事項の例

実施する時	差す対象物	確認事項
機械始動時	配電盤・機械元電源	配電盤電源，機械手元電源 ON を確認
反転機にワゴンを装着する時	ストッパー部分	ワゴンの羽根部分が完全にストッパーでロックされたことを確認（ワゴン落下防止のため）
反転機を下ろす時	反転機の稼働範囲	稼働範囲に人がいないことの確認
機械修理時	配電盤・機械元電源	配電盤電源，機械手元電源 OFF を確認し，「修理中」の表示をする（誤ってスイッチを入れないため）
清掃開始時	配電盤・機械元電源	配電盤電源，機械手元電源 OFF を確認し，「清掃中」の表示をする（誤ってスイッチを入れないため）
通路を横断する時	左右	フォークリフト等が接近しないことを確認
バルブの開閉時	バルブ	バルブの開閉確認

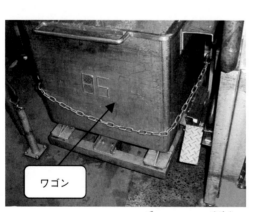

ペダルを上下させ，ワゴンのロック状態を確認する。良好な場合は，
・「ワゴン ロック ヨシ！」
と呼称する

ワゴン

図6-1-21　指差し呼称例

4．作業者の健康管理

労働災害を予防するには作業者の日常の健康管理が重要である。体調が不十分な場合，予想外のケガや事故を引き起こす可能性があるからである。特に，ハム・ソー

セージ・ベーコン製造に携わる者は，食品を扱うので，健康・衛生に配慮した規律ある生活を心掛けなければならない。

(1) 日常生活上の注意

① 暴飲暴食をしない。

② 生ものや，加熱が不十分なもの（ユッケ，レバ刺し，馬刺し，生がき，鳥刺し，鳥たたき，鳥わさ等）は食べない。

③ うがい，手洗いをする。

④ 睡眠は充分にとる。

(2) 病気に対する注意

① 病気（風邪，腹痛，下痢等）になった時は，上司に連絡の上，速やかに医者に診てもらい適切な治療を受ける。

② 通常は1年以内ごとに1回，定期健康診断を受ける。深夜業などに常時従事する場合は，6か月以内ごとに1回医師による健康診断を受けなければならない。所見（指摘事項）があれば健康相談を受け，適切な治療を受ける。

なお，常時50人以上の労働者を雇用する事業所では，産業医を選任しなくてはならないとされている。必要に応じて相談を行うと良い。

第2節　食品衛生

1.　食中毒について

(1)　食中毒とは

　食中毒とは，危険性や害のある微生物や，化学物質，アレルギー物質，自然毒，寄生虫などを含む食べ物や飲み物が原因で起こる健康障害のことである。患者には腹痛，下痢，おう吐や，神経障害などが出ることがあり，また，最悪の場合は，死に至る可能性もある。食品工場で働く者は，作業を行うにあたっては，手洗いなどを手順ルールどおり正しく実施する，また，各作業では，原材料や肉の温度管理をしっかり行うことなどにつとめ，安全な製品の製造を行わなくてはならない。

(2)　食中毒の種類

　食中毒の種類には，以下のようなものがある。

① 微生物を原因とするもの

　微生物（細菌，ウイルス，カビ，酵母など）は，自然界に広く分布しており，ハム・ソーセージ・ベーコンなどの食肉製品の原材料である豚肉，牛肉，鶏肉等にも，微生物が付着・発育している場合が多い。これらの中には，食中毒の原因となるものもいる。

　細菌による食中毒には，感染型と毒素型のものがある。感染型食中毒は，食中毒菌が付着した食品を食べたあと，人間の腸内でその菌が増えることで症状が起きる。一方，毒素型食中毒は，食中毒菌が食品に付着汚染し，この食品中で増殖して毒素を産生していたものを人間が食べ，体内に取り込むことにより発症する。

　食肉製品に関連の深い食中毒菌のうち，感染型としては，サルモネラ属菌，病原大腸菌などがある。また，毒素型には，黄色ブドウ球菌，ボツリヌス菌などがある。

　ウイルスによる食中毒として，ノロウイルスなどが挙げられる。ノロウイルスの食中毒については，原因として，二枚貝（カキ，アサリなど）が知られているが，加工・調理工程での二次汚染によりさまざまな食品が原因となるほか，人から人への感染も発生し，集団発生につながる場合がある。

　また，微生物が間接的に原因となるものとして，ヒスタミンという物質があり，これによってアレルギー様食中毒が発生する場合がある。これは，赤身魚の筋肉中に含まれるヒスチジンという物質が，細菌の働きによりヒスタミンとなった

もので，これが高濃度に蓄積されたものを食べることによって，食中毒が起きる。

② 化学物質を原因とするもの

本来その食品中に含まれない化学物質が原材料や食品を汚染した，あるいは，加工工程で誤って食品に添加されたなどで発生する可能性がある。

原因としては次の物質などが挙げられる。
・有害金属（水銀，カドミウム，ヒ素等）
・洗剤，漂白剤
・消毒剤
・農薬（殺虫剤など）
・有害な食品添加物（有害保存料，有害甘味料，有害着色料など）

③ 自然毒を原因とするもの【2級関係】

われわれは，さまざまな動物や植物を食品の原材料として使用するが，動植物の種類によっては，毒成分を有しているものがある。動物性自然毒にはフグ毒やシガテラ毒（海産の一部の魚類で発生），貝毒（まひ性貝毒，下痢性貝毒）などがあり，植物性自然毒にはキノコ毒（一部のキノコで発生）などがある。

④ 寄生虫等を原因とするもの

野菜類，魚介類，獣肉類には，寄生虫が寄生している場合がある。例えばハム・ソーセージ・ベーコン類の原料となる豚肉にも，旋毛虫，トキソプラズマ，有鉤条虫などが寄生している場合がある。

2. 腐敗・変質について

一般に食品が長期間放置されたりすると，微生物の働きによりたん白質や炭水化物などの成分が分解され，アンモニア，硫化水素などが生成され，外観，臭い，味などに変化が生じ，食べることができないものになる。これを腐敗という。食肉製品では，外観の色の変化，ネトやカビの発生，肉質の脆弱化が起こり，腐敗臭が発生する。

【参考】ネト：
1. ネトとは食肉製品などの腐敗によって表面に生じたねばり気のものをいう。
2. グラム陰性細菌，乳酸菌，酵母，ミクロコッカス等により発生する。

---

3. 現場の衛生管理

(1) 食中毒予防の3原則

細菌性の食中毒を予防するための3原則は，「細菌をつけない」「細菌を増やさな

い」「細菌をやっつける」である。また食中毒だけでなく，ハム・ソーセージ・ベーコン類の腐敗を防ぐためにも，この3原則は重要である。

a．細菌をつけない

われわれの手指にはさまざまな雑菌が付着している。また，製造時に使用する機械・器具にも，洗浄・殺菌不足により細菌が残っていることがある。これらの菌が，作業者の手や，製造機械・器具を介して，製品を汚染することを防がなくてはならない。このため，手洗いの徹底や，機械・器具類の十分な洗浄・殺菌，機械・器具類の工程別用途別の使い分けなどを行う。以下のポイントを参考にすること。

a）取扱う人について
・手，指を十分に洗う。
・手袋を着用し，食品と直接接触しない（特に手指に化膿疾患がある場合，黄色ブドウ球菌食中毒の原因になることがあるので注意する）。
・検便を行う（保菌者による事故を未然に防ぐ）。
・下痢をしている場合，食品製造に従事させない。
b）原料や機械・器具について
・食品の原材料は常に新鮮なものを使用する。
・使用する機械，器具は常に清潔にする（使用の都度，洗浄・消毒する）。
・ねずみや昆虫による細菌汚染を防ぐ（動物の駆除または侵入を防ぐ）。

b．細菌を増やさない

細菌は，温度が低いほど増殖スピードは遅くなることから，食肉製品の製造や流通段階では，基本的に低温管理を行うことが重要である。また，食品中には多少の細菌が生き残っているものである。例えば加熱食肉製品についても，加熱後，熱に強い一部の菌（クロストリジウム属菌など）が生き残ることがあるが，これらの増殖を防ぐため，速やかに製品の冷却を行う。また基本的に，各製造工程での加工・調理はできる限り迅速に行い，室温に長時間放置することなどは避ける。

c．細菌をやっつける

食中毒を起こす細菌は，多くが十分な加熱により死滅する。製品の加熱条件を設定する際には，十分な殺菌が行える条件となっていることを事前に検証しておく必要がある。また，日々の加熱作業においては加熱機器に異常が無いことや，製品の中心温度を適切に測定するなど確認を行う。また，製造機械・器具は定期的に洗浄を行った後，熱湯やアルコール製剤，次亜塩素酸ナトリウムを一定の濃度に調整した消毒水などを用いて消毒を行う。

(2) 工程別管理

微生物対策を目的とした製造工程上の衛生管理基準が企業ごとに定められているので，それらのルール・基準を確認しておく必要がある。表6-1-4に加熱食肉製品における微生物の工程別管理の例を示す。

表6-1-4 加熱食肉製品における微生物の工程別管理の例

工程	条件・管理内容等
原料肉受入れ	・原料肉は定期的に細菌検査を行う。 ・工場で受け入れる際には，段ボールケースや外装に破損が無いか，臭い，色などに異常が無いかを確認する。 ・期限表示（賞味期限など）以内であることを確認する。
原料肉解凍	・解凍設備（解凍タンク，容器など）は十分洗浄を行う ・適切な解凍条件を設定する ・原料肉は低温で管理する。
整形	・原料肉は低温で管理する。 ・ナイフ，まな板，前掛けなどは清潔なものを使う。
塩漬	・原料肉やピックルは低温で管理する。 ・機械，タンク類などは定期的に洗浄され，汚れが除去されたものを用いる。
細切・混合	・機械，器具は十分に洗浄された清潔なものを使う。 ・原料肉は低温で管理する。
くん煙，加熱	・くん煙，加熱の温度や時間は，あらかじめ製品ごとに設定基準を決める。 ・くん煙，加熱作業中，装置内温度がその設定基準どおりとなっていることを確認する。 ・庫内温度や中心温度の測定を行い，製品の温度が基準に到達していることを確認する。
冷却	・製品冷却庫の温度が設定どおりになっていることを確認する。 ・製品は低温まですみやかに冷却を行う。 ・冷却装置や設備，その他器具は清潔を維持する。
小分け・計量・包装	・製品の品温は低温を維持しながら作業を行う。 ・計量・包装関連機器（スライサー，ロータリーカッター，包装機など）やテーブル，プラスチック容器は清潔を維持する。 ・包装パックの密封性の確認や，十分なガス置換が行えていることを確認する。
保管・出荷	・製品保管庫の温度が設定どおりになっていることを確認する。 ・製品の保管日数を設定し，日付管理を徹底する。

原料肉，製品の取り扱い時は低温管理（例：10℃以下）を行うことが基本である。

加熱食肉製品については，製品中心部の温度を63℃で30分加熱する方法またはこれと同等以上の効力を有する方法で加熱しなくてはならない。

　一方，生ハムなどの非加熱食肉製品や，ローストビーフなどの特定加熱食肉製品については，加熱食肉製品のような強い加熱は行わない。これらについては，水分活性（Aw）やpH，保存温度の組み合わせで菌の増殖を抑えることで，製品としての保存性を確保する。

第6章　確認問題

以下の問題について，正しい場合は○，間違っている場合は×で解答しなさい。

1. 事故やケガは，機械・設備等の「不安全な状態」や作業者の「不安全な行動」が重なることにより引き起こされる。

2. チョッパーで細切作業中にナイフとプレートの間に原料肉が詰まった場合，機械を動かしながら手で肉をかき出すと簡単にとれる。

3. ミキサーで味付けをした後は，ミキシングパドル（羽根）を動かしながら手で原料肉をワゴンにかき出すと，作業の効率が上がるのでよい。

4. 玉掛け・クレーン作業は簡単なため，誰でも行うことができる。

5. 機械の安全装置や安全カバーは作業効率を下げるので，作業に慣れたらはずした方がよい。

6. 製造現場では，作業する時に動作や安全を確認する「指差し呼称」がよく実施されている。

7. 食中毒は，細菌，化学物質及び自然毒などによって発生する。

8. 細菌性の食中毒を予防するための3原則は，「細菌をつけない」「細菌を増やさない」「細菌をやっつける」である。

第6章　確認問題の解答と解説

1.　○

2.　×　（理由：動かしながら操作すると，プレートの目に指先が入り込んで切断するおそれがあるため，絶対に行ってはならない。）

3.　×　（理由：ミキサーに手を入れる時は，必ず電源を切り，機械を停止し，羽根が止まったことを確認してからにすること。）

4.　×　（理由：玉掛け・クレーン作業を行うには，法定資格が必要である。）

5.　×　（理由：安全装置や安全カバーは，必ず装着した状態で作業をしなければならない。作業に慣れたからといって勝手にはずしたり，動かないようにしたりして作業をしてはならない。）

6.　○

7.　○

8.　○

（参考）用語集

あ 行		
No.	用語	ひらがな	内容，意味
---	---	---	---
1	合図	あいず	あらかじめ決められた方法で，人に意志を知らせるための動作やサイン
2	味付け	あじつけ	砂糖，調味料。香辛料等で味を付けること
3	アセトアルデヒド	あせとあるでひど	CH₃CHO，抗菌作用や香味に関与しているくん煙の成分
4	アミノ酸	あみのさん	たん白質を構成する物質。食肉の味に関与している
5	アルコール	あるこーる	抗菌作用やくん煙成分を溶かして製品の表面に付着させる働きをしている。殺菌剤としても使用する
6	安全	あんぜん	危害の恐れがないこと
7	安全衛生	あんぜんえいせい	災害，病気等から身を守ること
8	安全作業	あんぜんさぎょう	決められた作業手順に従って危害の恐れがないように作業すること
9	安全装置	あんぜんそうち	安全を確保するために取り付けられた装置
10	胃	い	食べた物を消化する器官（臓器）
11	牛	うし	図3-1-2参照
12	馬	うま	図3-1-4参照
13	栄養	えいよう	生物が生きていくために，食べ物からとる成分
14	SPF	えすぴーえふ	特定の病原体がないこと（Specific Pathogen Free）。
15	枝肉	えだにく	と畜解体後，頭部，内臓，皮等を取り除いて2分割された骨付きの肉
16	エマルジョン	えまるじょん	互いに溶け合わない複数の種類の液体を，かくはんしてできた乳状のもの。ソーセージの食肉たん白と脂肪と水が均一になった状態
17	塩せき	えんせき	原料肉を食塩，発色剤等で一定期間低温で漬け込むこと
18	塩蔵	えんぞう	食塩を用いて食品を貯蔵すること
19	応急措置	おうきゅうそち	事故・急病等が発生した時に一時的にする措置
20	横紋筋	おうもんきん	横縞のある細長い筋繊維で構成された筋肉
21	温度計	おんどけい	温度を測る器具

か 行		
No.	用語	ひらがな	内容，意味
---	---	---	---
22	解糖	かいとう	動物の体内で糖が無酸素で分解されて乳酸になる過程

23	家きん肉	かきんにく	食用として人に育てられた鶏，七面鳥，アヒル等の鳥肉
24	かくはん	かくはん	かき混ぜること
25	加水分解	かすいぶんかい	一般的に化合物が水と反応して起きる分解反応
26	カッター	かったー	Cutter。原料肉を細切・混合する機械
27	家と肉	かとにく	食用として人に育てられた家ウサギの肉
28	加熱	かねつ	熱を加えること
29	皮	かわ	動物の身体や表面を包んでいるもの
30	乾燥	かんそう	乾かすこと
31	甘味料	かんみりょう	食品に甘みを付ける食品添加物
32	危険	きけん	安全でない状態
33	キシリトール	きしりとーる	甘味を付与するために使用する糖アルコール
34	黄豚	きぶた	脂肪が黄色く変色した豚肉
35	牛肉	ぎゅうにく	牛の肉
36	凝固	ぎょうこ	液体状のものが固まること
37	筋繊維	きんせんい	筋肉を構成する収縮する繊維状の細胞
38	筋肉	きんにく	動物の体を動かす器官
39	クレーン	くれーん	動力で重量物を巻き上げて移動させる機械
40	クレゾール	くれぞーる	$C_6H_4(CH_3)OH$，くん煙成分の一つ
41	くん煙	くんえん	木材を加熱して煙を発生させ，煙の成分を食肉表面に付けること
42	計量器	けいりょうき	重さ等を測る器械
43	ケーシング	けーしんぐ	ハム・ソーセージの製造で，塩せき肉や調味肉を詰める袋状または筒状のもの
44	血液	けつえき	動物の血
45	結さつ	けっさつ	ケーシングに詰めたものの両端を，紐又はワイヤーで結ぶこと。天然腸やコラーゲンケーシングを使用する場合はひねりを加えること
46	結着	けっちゃく	肉と肉や，肉と脂肪又は水が強く付着すること
47	検査	けんさ	あらかじめ決められた基準をもとに，異常の有無，適・不適等を調べること
48	原料	げんりょう	製品や加工品のもとになる材料
49	高周波	こうしゅうは	周波数の高い振動や波動
50	高所作業	こうしょさぎょう	2m以上の高さで行う作業（労働安全衛生法で規定）
51	香辛料	こうしんりょう	飲食物に香気や辛みを添えて風味を増す種子，果実，葉，根，木皮，及び花等。スパイス

No.	用語	ひらがな	内容, 意味
52	酵素	こうそ	生物の体内で行われる化学反応を進める高分子の化合物
53	骨格筋	こっかくきん	骨格に付着してこれを動かす筋肉
54	コラーゲン	こらーげん	腱，皮及び骨に含まれているたん白質の一種
55	混合	こんごう	混ぜ合わせること
56	コンセント	こんせんと	電気を供給できる取出口。アウトレット。

さ　行			
No.	用語	ひらがな	内容, 意味
57	細菌	さいきん	単細胞の微生物。動植物に対して病原性を持つものもある
58	作業主任者	さぎょうしゅにんしゃ	特定の作業を行う時の責任者
59	作業標準	さぎょうひょうじゅん	安全で効率よく，誰にでもできるように決められた作業手順
60	酸化	さんか	ある物質が酸素と化合する反応，又はある物質から水素が奪われる反応
61	酸欠	さんけつ	酸素が足りなくなること
62	シーラー	しーらー	包装材料に製品を投入した後，投入口を密封（シール）する装置
63	紫外線	しがいせん	可視光線よりも波長が短く，X線よりも波長が長い電磁波（光線）のこと
64	事故	じこ	思いがけず生じた悪い出来事。物事の正常な活動，進行を妨げる事態
65	死後硬直	しごこうちょく	死後に筋肉が化学変化により硬くなること
66	脂質	ししつ	生物内にある有機化合物の一種。水には溶けないがアルコール等の有機溶媒には溶ける性質をもつ
67	舌	した	口の中の器官の一つ
68	脂肪	しぼう	固体の油脂
69	絞り	しぼり	金型を使って一定の形にすること
70	JAS規格	じゃすきかく	日本農林規格。農林水産物及びその加工品等の品質について農林水産大臣が定める規格。合格すればJASマークを貼ることができる。
71	シャワー	しゃわー	幅広く水を撒くこと。食肉製品の一次冷却に使う
72	充てん	じゅうてん	ケーシング内に肉塊や練り肉を入れること
73	蒸煮	じょうしゃ	食肉製品の加熱殺菌を蒸気で行うこと
74	除去	じょきょ	取り除くこと
75	食中毒	しょくちゅうどく	害の有る飲食物を食べることで起こる腹痛。吐き気等を伴う病気又は感染症
76	食道	しょくどう	口から胃に続く消化器官
77	食肉	しょくにく	食用とする家畜の肉，家ウサギの肉，鳥肉等
78	食品衛生法	しょくひんえいせいほう	飲食によって生じる危害を防止するための法律

79	食品添加物	しょくひんてんかぶつ	食品の製造過程で加工・保存等の目的をもって使用する化学物質
80	心筋	しんきん	心臓の筋肉
81	真空包装	しんくうほうそう	真空状態で包装すること
82	人工	じんこう	人手を加えること
83	水蒸気方式解凍	すいじょうきほうしきかいとう	低い温度の蒸気を発生させて，蒸気で解凍する方法
84	スイッチ	すいっち	電気回路を入れたり（ON）切ったり（OFF）する器具
85	水分	すいぶん	食品中に含まれる水のこと。またその割合。
86	スタッファー	すたっふぁー	練り肉等をケーシングに充てんする機械
87	スモークゼネレーター	すもーくぜねれーたー	くん煙装置内に煙を発生させる機械
88	スモークハウス	すもーくはうす	食肉製品の乾燥・くん煙を行う装置。さらに蒸煮，冷却までをプログラムに従って行う装置もある
89	スライサー	すらいさー	食肉や食肉製品を薄く切る機械
90	整形	せいけい	形を整えること
91	製造工程	せいぞうこうてい	生産・加工を行うための手順。又は作用の各段階
92	精肉	せいにく	食肉として調理できる状態の肉
93	整理整頓	せいりせいとん	必要なものと不要なものを分け，必要なものを決められた場所におくこと
94	ソーセージ	そーせーじ	図 1-4-2 参照

た　行			
No.	用　語	ひらがな	内容，意味
95	タイチン	たいちん	筋原線維の弾力性と伸展性に関与するたん白質
96	立入禁止	たちいりきんし	立ち入ってはいけないこと
97	玉掛け	たまがけ	吊り具を使って行う荷掛け及び荷外しの作業
98	炭酸ガス	たんさんがす	二酸化炭素（CO_2）のガス
99	炭水化物	たんすいかぶつ	炭素，水素，酸素からなる有機化合物の一つで糖質のこと
100	たん白質	たんぱくしつ	生物の細胞をつくっている炭素，水素，酸素，窒素等を含む有機化合物
101	タンブラー	たんぶらー	原料肉に注入したピックルを均一に浸透させる機械
102	チップ	ちっぷ	木材を細かく切ったもの
103	着色	ちゃくしょく	色をつけること
104	腸	ちょう	食物を消化する器官の一つ
105	調味	ちょうみ	食物の味を調えること
106	チョッパー	ちょっぱー	肉や野菜等を細かく切り刻む器具

107	通気性	つうきせい	空気を通す性質
108	つなぎ肉	つなぎにく	プレスハムの肉塊と肉塊を結着させる肉
109	帝王切開	ていおうせっかい	母豚を無菌状態で切開し，子豚を摘出する手術
110	DFD	でぃーえふでぃー	と殺後にpHがあまり下がらない異常肉の1種で，肉色が濃く，肉質がしまっていて，乾燥した肉
111	テスター	てすたー	電流，電圧，抵抗等を測定する計測器
112	電源	でんげん	電気を供給するもと
113	天然	てんねん	自然のままの状態
114	湯煮	とうしゃ	食肉製品の加熱を熱湯で行うこと
115	糖類	とうるい	炭水化物のひとつで糖質の一部
116	ドリップ	どりっぷ	食品の内部からしみ出る液

<table>
<tr><th colspan="4">な行</th></tr>
<tr><th>No.</th><th>用語</th><th>ひらがな</th><th>内容，意味</th></tr>
<tr><td>117</td><td>内臓</td><td>ないぞう</td><td>動物の胸や腹の中にある器官</td></tr>
<tr><td>118</td><td>乳化</td><td>にゅうか</td><td>乳状にすること。混じり合わないものが混じること。</td></tr>
<tr><td>119</td><td>ネブリン</td><td>ねぶりん</td><td>細いフェラメント（線状のたん白質）の長さを調節するたん白質</td></tr>
<tr><td>120</td><td>ねり肉</td><td>ねりにく</td><td>原料肉を細切りにして練った肉</td></tr>
<tr><td>121</td><td>脳</td><td>のう</td><td>全身の神経を支配している頭の中の器官</td></tr>
</table>

<table>
<tr><th colspan="4">は行</th></tr>
<tr><th>No.</th><th>用語</th><th>ひらがな</th><th>内容，意味</th></tr>
<tr><td>122</td><td>配合</td><td>はいごう</td><td>2種類以上のものを合わせること</td></tr>
<tr><td>123</td><td>発色剤</td><td>はっしょくざい</td><td>食肉に塩せき剤として添加し，食肉製品特有の赤色を出し，固定させるための食品添加物</td></tr>
<tr><td>124</td><td>鼻</td><td>はな</td><td>呼吸するときに空気が出入りする顔にある器官</td></tr>
<tr><td>125</td><td>馬肉</td><td>ばにく</td><td>馬の肉</td></tr>
<tr><td>126</td><td>ハム</td><td>はむ</td><td>豚のかたまり肉を塩せきした後，加熱した食肉加工品</td></tr>
<tr><td>127</td><td>ばら肉</td><td>ばらにく</td><td>豚の腹部の肉で，柔らかくコクのある風味に富んだもの。三枚肉ともいう</td></tr>
<tr><td>128</td><td>反転機</td><td>はんてんき</td><td>容器の中のものを反転できる機械</td></tr>
<tr><td>129</td><td>PSE</td><td>ぴーえすいー</td><td>肉色が淡く，弾力が無く，保水性，結着性が劣る，異常肉の一種</td></tr>
<tr><td>130</td><td>肥育</td><td>ひいく</td><td>運動を制限し，良質の飼料を与えて飼育すること</td></tr>
<tr><td>131</td><td>非常停止ボタン</td><td>ひじょうていしぼたん</td><td>稼働している機械を緊急時に停止させるスイッチ</td></tr>
</table>

132	微生物	びせいぶつ	肉眼では観察できない極めて小さな生物
133	ビタミン	びたみん	動物の主栄養素の他に動物の健康や成長に欠かせない有機物
134	ピックル	ぴっくる	湿塩せき法に用いる塩せき液
135	羊	ひつじ	図3-1-3参照
136	病原菌	びょうげんきん	疾病の原因となる細菌
137	ヒレ	ひれ	腰部や肋間にある上等の肉
138	品質	ひんしつ	品物の質
139	不安全行動	ふあんぜんこうどう	労働災害を引き起こす可能性の高い危険な動作・行動
140	副原料	ふくげんりょう	主原料を補う原材料
141	豚	ぶた	図3-1-1参照
142	豚肉	ぶたにく	豚の肉
143	部分肉	ぶぶんにく	枝肉を分割し、骨を抜いて整形した肉
144	フルフラール	ふるふらーる	C₄H₃O・CHO。くん煙成分の一つ
145	プレート	ぷれーと	肉挽き機を構成する部品で、いく通りもの大きさに穴が開けてある金属板
146	フレーバー	ふれーばー	香り。風味
147	ブレンダー	ぶれんだー	ソーセージ用の挽き肉と添加物等を混合する機械
148	分割	ぶんかつ	分けること
149	平滑筋	へいかつきん	消化器官等の筋肉。横紋がない筋肉
150	ベーコン	べーこん	豚のばら肉を塩せきした後、くん煙した製品
151	ペースト状	ぺーすとじょう	練った状態のこと
152	pH	ぺーはー（ぴーえいち）	酸性やアルカリ性を示す指標の一つ
153	ベーンポンプ	べーんぽんぷ	電動式スタッファーで練り肉を押し出す回転する羽根状ポンプ
154	ペプチド	ぺぷちど	2個以上のアミノ酸が結合してできた化合物の一種。一般的には50個以上のアミノ酸が結合したものをたん白質という
155	変退色	へんたいしょく	光や酸素の影響で色が変わったり、あせたりすること
156	放血	ほうけつ	家畜をと殺するときに、血管を切断し血液を放出すること
157	包装	ほうそう	ものを包むこと
158	保護具	ほごぐ	身体の安全を守る器具
159	細切	ほそぎり	細かく切ること
160	ホッパー	ほっぱー	じょうご型の底に開閉式の口があり、入っている物を底の口から落下させて取り出す容器の役目をするもの
161	骨	ほね	図2-2-3参照
162	骨抜き（脱骨）	ほねぬき（だっこつ）	骨付き肉から骨だけを抜き取ること

| 163 | ホルムアルデヒド | ほるむあるでひど | HCHO。くん煙成分の一つ。防腐効果がある |
| 164 | ホルモン | ほるもん | 体内の組織や器官の活動を調節する物質，又は牛や豚の内臓を指す場合がある |

ま 行			
No.	用 語	ひらがな	内容，意味
165	ミキサー	みきさー	食品を混合する機械
166	水豚	みずぶた	脂肪組織のしまりが悪い淡い黄色の豚肉
167	ミネラル	みねらる	カリウム・ナトリウム・カルシウム・鉄等の無機物質
168	耳	みみ	頭についている音を聞くための器官
169	盲腸	もうちょう	小腸から大腸の間にある袋状の部分
170	モーター	もーたー	図4-11-1参照

や 行			
No.	用 語	ひらがな	内容，意味
171	有害	ゆうがい	人体に害をおよぼすこと。又はその恐れがあること
172	有機溶媒	ゆうきようばい	物質を溶かす有機化合物。アルコール，ベンゼン，揮発油等がある
173	融点	ゆうてん	溶け始める温度
174	ユニットクーラー	ゆにっとくーらー	冷却装置の一つ
175	溶断	ようだん	高温で加熱して切断すること
176	溶着	ようちゃく	高温で加熱して接着すること
177	羊肉	ようにく	羊の肉

ら 行			
No.	用 語	ひらがな	内容，意味
178	ラミネートフィルム	らみねーとふぃるむ	性質の異なるフィルムを貼り合わせた包装材料
179	冷却	れいきゃく	温度を下げること
180	冷蔵	れいぞう	食品を低温で貯蔵すること
181	冷凍	れいとう	食品を凍結させること
182	漏電	ろうでん	絶縁が悪く電気が漏れること。火災の原因となる
183	労働災害	ろうどうさいがい	仕事が原因で負傷したり，病気にかかったり死亡したりすること
184	ロース	ろーす	牛，豚等の肩から背にかけての部分

ご協力企業 等

　次に記載した写真は，企業等のご協力によりご提供いただきました。ここに明記し，深く，感謝の意を表します。

【写真　ご提供企業等】

写真	提供企業等
布巻ハム燻煙（表紙）	株式会社鎌倉ハム富岡商会
サルモネラ属菌，リステリア・モノサイトゲネス	東京都健康安全研究センター
主な豚の種類，主な牛の種類，羊サフォーク（雄），馬ブルトン（雄）	独立行政法人家畜改良センター
主な鶏の種類	独立行政法人家畜改良センター 鹿児島県地鶏振興協議会
低温高湿度水蒸気解凍設備	フジ技研工業株式会社
テンダーライザー	株式会社ヒガシモトキカイ
カッター	東京食品機械株式会社
レシプロコンプレッサー	株式会社日立産機システム
金属検出器，X線検査装置，重量選別機	アンリツインフィビス株式会社

職種別 教材作成作業部会委員　ハム・ソーセージ・ベーコン製造

【委　員】（敬称略）

猪口由美　　　一般社団法人 食肉科学技術研究所

加藤　琢　　　日本ハム株式会社

國嶋隆司　　　伊藤ハム株式会社

【事務局】
公益財団法人国際人材協力機構　実習支援部　職種相談課

【本テキストについてのお問い合わせ先】
公益財団法人国際人材協力機構　実習支援部　職種相談課
〒108-0023　東京都港区芝浦2-11-5　五十嵐ビルディング
電話：03-4306-1181　　Fax. 03-4306-1115

技能実習レベルアップ シリーズ　3

ハム・ソーセージ・ベーコン製造

2020年10月　初版

発行　公益財団法人 国際人材協力機構　教材センター
〒108-0023　東京都港区芝浦２−11−５
五十嵐ビルディング11階
TEL：03-4306-1110
FAX：03-4306-1116
ホームページ　https://www.jitco.or.jp/

©2020 JAPAN INTERNATIONAL TRAINEE & SKILLED WORKER COOPERATION ORGANIZATION
All Rights Reserved.

無断転載を禁ずる

技能実習レベルアップ　シリーズ　既刊本

	職　　種	定　価
1	溶接	本体：2,700円＋税
2	機械加工（普通旋盤・フライス盤）	本体：2,700円＋税
3	ハム・ソーセージ・ベーコン製造	本体：3,100円＋税

　シリーズは順次，拡充中です。最新の情報は，JITCO ホームページ内にある「教材・テキスト販売」のページ（https://www.jitco.or.jp/ja/service/material/）で確認してください。